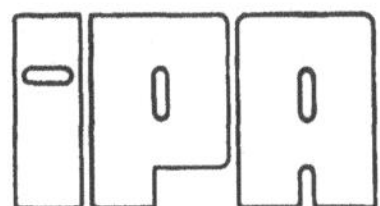

Forschung und Praxis · Band 64

**Berichte aus dem Fraunhofer-Institut
für Produktionstechnik und Automatisierung,
Stuttgart, und dem Institut
für Industrielle Fertigung und Fabrikbetrieb
der Universität Stuttgart**

Herausgeber: Prof. Dr.-Ing. H. J. Warnecke

Wolfgang Jentner

Pneumatische Sensoren zur prozeßsimultanen Messung des Werkzeugverschleißes und zur Kollisionsvermeidung beim Messerkopffräsen

Mit 47 Abbildungen

Springer-Verlag
Berlin Heidelberg New York 1982

Dr.-Ing. Wolfgang Jentner

Fraunhofer-Institut für Produktionstechnik und Automatisierung (IPA), Stuttgart

Dr.-Ing. H. J. Warnecke

o. Professor an der Universität Stuttgart

Fraunhofer-Institut für Produktionstechnik und Automatisierung (IPA), Stuttgart

D 93

ISBN 978-3-540-11845-9   ISBN 978-3-642-47930-4 (eBook)
DOI 10.1007/978-3-642-47930-4

Gesamtherstellung: Drucken + Werben GmbH · Zettachring 12 · 7000 Stuttgart 80 (Fasanenhof-Industriegebiet) · Telefon (07 11) 715 60 06.

2362/3020—543210

<u>Geleitwort des Herausgebers</u>

Die Entwicklungen in der Produktionstechnik in den
letzten Jahrzehnten haben entscheidend zur positiven
wirtschaftlichen und sozialen Entwicklung in der
Bundesrepublik Deutschland beigetragen. Die Produktivi-
tät konnte jedes Jahr um durchschnittlich etwa 3,5 %
gesteigert werden. Mechanisierung und Automatisierung wurden und werden stetig weiter vorangetrieben.
Während es sich bisher jedoch um Verbesserungen an einzelnen Maschinen und Anlagen sowie Verfahren handelte,
werden heute alle Unternehmensbereiche erfaßt, und man
ist bemüht, das gesamte System Unternehmen bzw. Produktionsbetrieb zu optimieren. Das klassische Bemühen um
Optimierung des Einsatzes und Zusammenwirkens der Pro-
duktionsfaktoren Mensch, Maschine und Material muß heute
erweitert werden um die Berücksichtigung sozialer Belange,
gesetzlicher Auflagen, Probleme der Energieversorgung,
schnellen Veränderungen an den Produkten und auf den
Märkten sowie Sicherung der Qualität und der Lieferfähig-
keit.

Von wissenschaftlicher Seite wird und muß dieses Bemühen
unterstützt werden durch die Entwicklung von Methoden
und Vorgehensweisen zur systematischen Analyse und Verbesserung des Systems Produktionsbetrieb. Hier ist heute
insbesondere auch der Fertigungsingenieur gefordert,
nicht nur einzelne Maschinen und Verfahren zu beherrschen,
sondern das gesamte komplexe System hinsichtlich der Verknüpfung seiner Elemente durch zweckmäßigen Informations-
und Materialfluß. Beispielhaft seien dazu nur hinsichtlich des Informationsflusses die heute gegebenen Möglichkeiten der Datenerfassung und -verarbeitung in Ferti-
gungsplanung und -steuerung, an den einzelnen

Produktionsanlagen sowie im Qualitätswesen genannt.
Im Materialfluß geht es um richtige Auswahl und Einsatz von Fördermitteln, Förderhilfsmitteln sowie Anordnung und Ausstattung von Lägern. Der weiteren Automatisierung in der Handhabung von Werkstücken und Werkzeugen sowie der Montage von Produkten wird in nächster Zukunft allergrößte Aufmerksamkeit geschenkt werden. Leistungsfähige Sensoren werden die Möglichkeiten dafür sehr stark vergrößern.

Die beiden vom Herausgeber geleiteten Institute, das Institut für Industrielle Fertigung und Fabrikbetrieb der Universität Stuttgart sowie das Fraunhofer-Institut für Produktionstechnik und Automatisierung in Stuttgart, arbeiten in grundlegender und angewandter Forschung intensiv an den aufgezeigten Entwicklungen in der Produktionstechnik mit. Zur Umsetzung gewonnener Erkenntnisse wird die Schriftenreihe "IPA Forschung und Praxis" herausgegeben. Der vorliegende Band setzt diese Reihe fort, eine Übersicht über bisher erschienene Titel wird am Schluß dieses Bandes gegeben.

Dem Verfasser sei für die geleistete Arbeit gedankt, dem Springer-Verlag für die Aufnahme dieser Schriftenreihe in seine Angebotspalette und der Druckerei für saubere und zügige Ausführung. Möge das Buch von der Fachwelt gut aufgenommen werden.

Hans-Jürgen Warnecke

<u>Vorwort</u>

Die vorliegende Abhandlung entstand auf der Grundlage experimenteller Untersuchungen, die ich im Laufe meiner Tätigkeit als wissenschaftlicher Mitarbeiter am Fraunhofer-Institut für Produktionstechnik und Automatisierung (IPA) in den Jahren 1974 bis 1978 durchgeführt habe.

Herrn Prof. Dr.-Ing. H.-J. Warnecke danke ich für die großzügige
Förderung meiner Arbeit, dem Mitberichter, Herrn Prof. Dr.-Ing.
G. Stute, für die gründliche Durchsicht, die eine Reihe wertvoller
Hinweise erbrachte.

Vielen Institutskollegen verdanke ich Zuspruch und Rat, einigen
tätige Mithilfe. Namentlich die Herren K. Müller und E. Linsenmaier
von der Institutswerkstatt sowie H. Richers und H. Jaklin vom Meß-
laboratorium haben durch ihre Hilfsbereitschaft und ihre fachmänni-
sche Unterstützung sehr zum Gelingen dieser Arbeit beigetragen. An-
erkennung gebührt auch Frau A. Mildner und Frl. H. Betz für die be-
merkenswerte Sorgfalt, die sie der graphischen Ausgestaltung dieser
Dissertationsschrift angedeihen ließen. Ihnen allen gilt mein auf-
richtiger Dank.

Stuttgart, im Juni 1982   Wolfgang Jentner

Inhaltsverzeichnis   Seite

0 <u>Verwendete Größen und Einheiten</u>

a	mm	Schnittiefe
a_A	m/s^2	Anfahrbeschleunigung, Bremsverzögerung
a_i		Rechenkonstante
a_F	mm	Breite der Lichtschrankenfahne zur Bestimmung der Umfangsgeschwindigkeit der Drehscheibe
a_r	m/s^2	Zentripetalbeschleunigung
b	mm	Spanungsbreite, Überdeckung, Objektbreite, Werkstückbreite
c	mm	Stegbreite
D	mm	Schneidkreisdurchmesser
D_S	mm	Bahnkreisdurchmesser des Sensors
D_1	mm	Bahnkreisdurchmesser der äußeren Meßdüse
D_2	mm	Bahnkreisdurchmesser der inneren Meßdüse
d_a	mm	Durchmesser des Strömungskanals im Austrittsquerschnitt
E	bar/mm	Empfindlichkeit des Meßgrößenaufnehmers
F	mm^2	Querschnittsfläche
F_a	mm^2	Fläche des Austrittsquerschnitts einer Düse
F_s	N	Schnittkraft
f_D	μm	Meßunsicherheit durch den Einfluß der Meßdüse
f_{DL}	μm	Meßunsicherheit durch die Linearitätsabweichung der Meßdüse
f_{DR}	μm	Meßunsicherheit durch den Rauheitseinfluß auf die Meßdüse
f_{DT}	μm	Meßunsicherheit durch das Signalrauschen der Meßdüse
f_{Dv}	μm	Meßunsicherheit durch Querströmungseffekte
$f_{D\vartheta}$	μm	Meßunsicherheit durch den Temperatureinfluß auf die Meßdüse
f_E	μm	Meßunsicherheit durch den Einfluß der Signalverarbeitung
f_g	μm	Gesamtmeßunsicherheit des Meßverfahrens
f_{gw}	μm	wahrscheinliche Gesamtmeßunsicherheit
f_L	μm	Linearitätsabweichung
f_P	μm	Meßunsicherheit durch den Einfluß des Druckwandlers
f_{PL}	μm	Meßunsicherheit durch die Linearitätsabweichung des Druckwandlers
$f_{P\vartheta}$	μm	Meßunsicherheit durch den Temperaturgang des Druckwandlers
f_R	μm	Bezugstiefe; Meßunsicherheit infolge des Rauheitseinflusses
f_S	μm	Meßunsicherheit durch den Einfluß des Druckreglers

Symbol	Einheit	Bedeutung
f_{SV}	µm	Meßunsicherheit infolge der Durchflußänderung am Druckregler
f_{SO}	µm	Meßunsicherheit infolge von Netzdruckschwankungen vor dem Druckregler
f_W	µm	Meßunsicherheit durch Störeinflüsse auf das Werkzeug
$f_{W\delta}$	µm	Meßunsicherheit infolge der Werkzeugneigung
$f_{W\vartheta}$	µm	Meßunsicherheit infolge der Änderung der Werkzeugtemperatur
h	mm	Länge des angetasteten Objekts
I	A	Photostrom der Lichtschranke zur Bestimmung der Bahngeschwindigkeit des Sensors
L	m	Fräsweg; Fahrweg längs einer Bahnkurve
L_Z	m	Fräsweg je Schneide
l	mm	Fahrstrecke
l_A	mm	Fahrstrecke während der Totzeit
l_B	mm	Bremsweg des Maschinentisches
l_C	mm	Fahrstrecke mit konstanter Eilganggeschwindigkeit
l_M	mm	Länge des Signalkanals; Signalweg
l_R	mm	Reichweite des Sensors, statisch
l_R^*	mm	Reichweite des Sensors, effektiv
l_S	mm	Schaltabstand, minimal
l_{SZ}	mm	Sicherheitsabstand; radiale Ausdehnung der Sicherheitszone
MB	µm	Meßbereich
MG		Meßgerade
n	1/min	Drehzahl; Spindeldrehzahl
n_{max}	1/min	Höchstdrehzahl
p	bar	Druck; Signaldruck
p'	bar	kritischer Druck, LAVAL-Druck
p_A	bar	Signaldruck im Arbeitspunkt
p_a	bar	Druck im Außenraum
p_L	bar	Grenzwert des Signaldrucks
p_M	bar	Signaldruck beim aktuellen Meßwert
p_{max}	bar	höchster Signaldruck
p_S	bar	Speisedruck über Umgebungsdruck
p_0	bar	Ausgangs-, Bezugsdruck
R	kJ/kg K	spezielle Gaskonstante
R_a	µm	arithmetischer Mittenrauhwert
R_p	µm	Glättungstiefe
R_t	µm	Rauhtiefe

SKV	μm	Schneidkantenversatz
SKV_H	μm	Versatz der Hauptschneidkante
SKV_N	μm	Versatz der Nebenschneidkante
s	mm, μm	Spaltweite, Meßabstand, Werkzeuglängskoordinate
s_A	μm	Arbeitspunktkoordinate
s_D	mm	Düsenüberstand über den Werkzeugkörper
s_{eff}	μm	effektive Spaltweite
s_M	μm	aktueller Meßwert
s_{max}	mm	maximaler Schaltabstand des Werkstückdetektors (axial)
s_S	mm	Schneidenüberstand über den Werkzeugkörper
s_Z	mm	Vorschub je Zahn
s_0	μm	Ausgangs-, Bezugsmeßgröße
s_1	μm	untere Meßbereichsgrenze
s_2	μm	obere Meßbereichsgrenze
T	s, ms	Zeitspanne
T_A	ms	Totzeit
T_{Arb}	s	Fahrzeit beim Fahren im Arbeitsgang
T_a	ms	Signalanstiegsphase
T_B	ms	Bremszeit
T_C	s	Fahrzeit mit konstanter Eilganggeschwindigkeit
T_D	ms	Signalabfallzeit
T_d	ms	Signalabfallsphase
T_E	ms	Einstellzeit
T_E^*	ms	tatsächliche Einstellzeit
T_{Eil}	s	Fahrzeit beim Fahren im Eilgang
$T_{E,max}$	ms	höchstzulässige Einstellzeit
$T_{E,th}$	ms	theoretische Einstellzeit (berechnet)
T_{EU}	ms	Einstellzeit eines trägheitsfreien Sensors mit punkthafter Antastcharakteristik
T_F	ms	Referenzzeitspanne der Lichtschranke zur Bestimmung der Bahngeschwindigkeit des Sensors
T_H	ms	Beharrungszeit des Annäherungssignals
T_L	ms	Signalanstiegszeit
T_p	ms	Beharrungszeit des Drucksignals des pneumatischen Werkstückdetektors
T_U	ms	Beharrungszeit des Ausgangssignals eines trägheitsfreien Objektdetektors
T_V	ms	Verzugszeit
t	s	Zeit; Zeitkoordinate
t_A	s	Zeitpunkt des Erreichens der Eilganggeschwindigkeit nach der Anfahrbeschleunigung

t_B	s	Zeitpunkt des Erreichens der vorgegebenen Arbeitsganggeschwindigkeit nach der Anfahrverzögerung
t_C	s	Ende der Anfahrbeschleungigungsphase
t_M	ms	Zeitpunkt des Erreichens der vollen Signalhöhe
t_{p0}	ms	Zeitpunkt des Beginns des Signalanstiegs eines Sensors
t_{U0}	ms	Zeitpunkt des Beginns des Signalanstiegs eines trägheitsfreien Sensors mit punkthafter Antastcharakteristik
U	V	elektrische Spannung; Signalspannung
U_S	V	Speisespannung
u	m/min	Vorschubgeschwindigkeit
u_A	m/min	Anfahrgeschwindigkeit
$u_{A,max}$	m/min	höchstmögliche Anfahrgeschwindigkeit
$u_{A,zul}$	m/min	höchstzulässige Anfahrgeschwindigkeit
u_B	m/min	Vorschubgeschwindigkeit beim Zerspanen im Arbeitsgang
V	mm^3	Volumen
$\dot{V}$	mm^3/h	Volumenstrom
V_M	mm^3	Meßkammervolumen
VB	mm	Verschleißmarkenbreite
VB_H	mm	Verschleißmarkenbreite an der Hauptschneide
VB_N	mm	Verschleißmarkenbreite an der Nebenschneide
VB_{NF}	mm	Verschleißmarkenbreite an der Nebenschneidenfase
v	m/s	Schnittgeschwindigkeit; Quergeschwindigkeit
v_u	m/s	Umfangsgeschwindigkeit; Bahngeschwindigkeit
w	m/s	mittlere Strömungsgeschwindigkeit
w_a	m/s	mittlere Strömungsgeschwindigkeit im Austrittsquerschnitt
w_S	m/s	Schallgeschwindigkeit in Luft
x	mm	Werkzeugquerkoordinate; Längskoordinate des Strömungskanals
x_{max}	mm	maximaler Schaltabstand des Werkstückdetektors (radial)
x_{min}	mm	minimaler Schaltabstand des Werkstückdetektors (radial)
z		Anzahl der Schneiden im Werkzeug, Anzahl der eingebauten Einzelsensoren
α	°	Freiwinkel an der Werkzeugschneide
β	1/grd	linearer Wärmeausdehnungskoeffizient
β_D	1/grd	linearer Wärmeausdehnungskoeffizient der Meßdüse
β_S	1/grd	linearer Wärmausdehnungskoeffizient der Schneide
Γ	°	Zerspankraftrichtungswinkel

γ	°	Spanwinkel
Δl	mm	Zunahme der Reichweite des Werkstückdetektors
Δl_S	mm	Schaltabstandsänderung
Δp	bar	Druckdifferenz
Δp_L	mbar	Höhe des Signalimpulses beim Überstreichen eines Rechteckprismas
Δp_S	mbar	Speisedruckschwankung
Δp_T	mbar	Amplitude des Signalrauschens
Δp_v	mbar	Signaldruckänderung durch dynamische Effekte
Δs_D	μm	thermisch bedingte Längung der Meßdüse
Δs_S	μm	thermisch bedingte Längung der Schneiden
ΔT	s	Zeitdifferenz, Zeitgewinn
$\Delta \tilde{T}_V$	s	Zeitverlust
Δt	s	Zeitspanne; Zeitabschnitt
ΔU_v	mV	Signaländerung durch dynamische Effekte
Δv_u	m/s	Änderung der Bahngeschwindigkeit
δ	°	Neigungswinkel der Frässpindelachse
ε	%	Meßfehler, relative Meßunsicherheit
ε_D	%	Gesamtmeßfehler der Meßdüse
ε_{DL}	%	Linearitätsfehler der Meßdüse
$\varepsilon_{D\vartheta}$	%	Temperaturfehler der Meßdüse
ε_g	%	Gesamtmeßfehler des Meßverfahrens
ε_{gw}	%	wahrscheinlicher Gesamtmeßfehler des Meßverfahrens
ε_L	%	Gesamtlinearitätsfehler des Meßverfahrens
ε_{PL}	%	Linearitätsfehler des Druckwandlers
$\varepsilon_{P\vartheta}$	%	Temperaturfehler des Druckwandlers
η	%	relative Signalsprungsänderung des Werkstückdetektors
ϑ	K, °C	Temperatur
ϑ_D	°C	Temperatur der Meßdüse
ϑ_S	°C	Temperatur der Werkzeugschneide
ϑ_U	K	Umgebungstemperatur
ϑ_O	K, °C	Bezugstemperatur
$\varkappa$	°	Einstellwinkel am Werkzeug
λ	%	relative Reichweitenänderung des Werkstückdetektors
ρ	kg/m³	Dichte der Luft
ρ_a	kg/m³	Dichte der Luft im Austrittsquerschnitt
φ	°	Bahnwinkel, Drehwinkel
φ_a	°	Signalanstiegsphase
φ_d	°	Signalabfallsphase

φ_e	°	Bahnkoordinate am Beginn des Signalabfalls
φ_0	°	Bahnkoordinate am Beginn des Signalanstiegs
ψ	°	Einbauneigung der Mantelstrahldüse
ω	1/s	Winkelgeschwindigkeit

1 Einleitung

Im Vergleich zu den Fortschritten der Datentechnik, die vor allem
im Zuge der Entwicklung hochintegrierter elektronischer Bausteine
möglich wurden, nimmt sich der Fortgang der Sensortechnik eher bescheiden aus. Übertragen auf die Welt der belebten Natur könnte man
feststellen: "Hochentwickelten Gehirnen steht als Informationsquelle
nur eine unterentwickelte Sensorik zur Verfügung."

Diese Unausgewogenheit wurde offenbar, als man sich zu Anfang der
siebziger Jahre anschickte, "Adaptive Control-Systeme" für die Prozesse der spanenden Bearbeitung zu schaffen. Innerhalb eines umfang-
reichen, vom Bundesministerium für Forschung und Technologie geför-
derten Projekts zur Ausweitung des Einsatzes elektronischer Rechen-
anlagen wurden deshalb gleichzeitig Förderungsprogramme zur Entwicklung spezieller Sensoren durchgeführt. So entstanden an verschiedenen
Fertigungsinstituten innerhalb Deutschlands Sensoren für unterschiedliche Zwecke und Prozesse, darunter einige Verschleißsensoren zur
Überwachung des Werkzeugzustands in Dreh-, Bohr- und Schleifmaschi-
nen.

Im Zusammenhang mit der Verwirklichung eines ACO-Regelsystems[+]
für den Fräsprozeß ergab sich die Aufgabe, einen Sensor zur prozeßsimultanen Messung des Werkzeugverschleißes zu entwickeln und
- in einem zweiten Abschnitt - einen Werkstückdetektor zu schaffen, der die Annäherung des Werkstücks an das Werkzeug so rechtzeitig signalisiert, daß die schnittfreien Strecken - mit Berücksichtigung des maschinenspezifischen Bremsverhaltens - grundsätzlich im Eilgang durchfahren werden können. Die dadurch erzielbare
Verkürzung der Nebenzeiten steigert die Wirtschaftlichkeit des
Prozesses erheblich. Dem gleichen Ziel dient der Einsatz des Verschleißsensors, indem er die Führungsgröße "Werkzeugverschleiß"
quantifiziert und das Regelsystem in die Lage versetzt, im optimalen Bereich zwischen minimalem Verschleiß und maximaler Zer-
spanungsleistung zu fahren.

Die vorliegende Abhandlung berichtet über Verlauf und Stand der
Entwicklung beider Sensoren, die mehrfach im praktischen Fräsbetrieb eingesetzt wurden und dabei ihre grundsätzliche Funktionsfähigkeit unter Beweis stellten.

[+] Die aus dem angelsächsischen Sprachbereich übernommene Abkürzung
ACO lautet: Adaptive Control Optimization.

2 Entwicklung eines pneumatischen Sensors zur Messung des Werkzeugverschleißes im Fräsprozeß

Die prozeßsimultane Erfassung des Schneidenverschleißes spanender Werkzeuge eröffnet neue Möglichkeiten der Prozeßüberwachung und -optimierung. Sie erlaubt die Ausnutzung des Werkzeugs bis an die Grenze seiner Standzeit, so daß auf vorzeitigen Werkzeugwechsel, wie er aus Sicherheitsgründen vielfach zur Gewohnheit wurde, verzichtet werden kann. Andererseits wird nun ein verspäteter Werkzeugwechsel, mit allen für Bearbeitungsqualität und Werkzeug nachteiligen Folgen, vermeidbar. Einen beachtlichen Vorteil bietet die Möglichkeit, verschleißbedingte Bearbeitungsfehler, mit Kenntnis der aktuellen Schneidenabmessungen, durch die fortlaufende Korrektur der Maschineneinstellung weitgehend zu kompensieren.

In der Fertigungstechnik wurden von Anfang bis Mitte der siebziger Jahre Optimierregelungen für den Dreh-, Schleif-, Fräs- und Bohrprozeß in Form von ACO-Systemen im Grundsatz realisiert /1,2,3,4/. Die Regelstrategien aller Systeme verlangen die automatische Überwachung des Werkzeugverschleißes /5/, die mit der Entwicklung spezieller Verschleißsensoren möglich wurde /6/.

2.1 Merkmale des Schneidenverschleißes an spanenden Werkzeugen

An spanenden Werkzeugen tritt bevorzugt Verschleiß durch Adhäsion, Abrasion und Materialermüdung auf /7/. Dieser äußert sich als Änderung der Schneidengeometrie, mit der eine Zunahme der Schnittkräfte einhergeht.
Adhäsiver Verschleiß hat an Hartmetallschneiden meist eine glattflächige Anfasung der mit dem Werkstück in Kontakt stehenden Schneidenbereiche zur Folge, wohingegen abrasiver Verschleiß die sog. Auskolkung im Bereich der spanabführenden Flächen bewirkt (Bild 2.1). Einen fundierten Einblick in die verschiedenen Verschleißmechanismen und -erscheinungsformen gibt W. Kreis /8/.

Da die erwähnten Anfasungen außerhalb des Zerspanungsprozesses der Messung meist hinreichend zugänglich sind, haben sie sich unter der Bezeichnung "Verschleißmarke" als bestimmendes Merkmal für die Quantifizierung des Verschleißzustands spanender Werkzeuge durchgesetzt. Die sogenannte Verschleißmarkenbreite ist demnach ein Maß für den Zustand eines Werkzeugs, wenn man den Sonderfall "Kolkverschleiß" einmal außer acht läßt /9,10,11/.

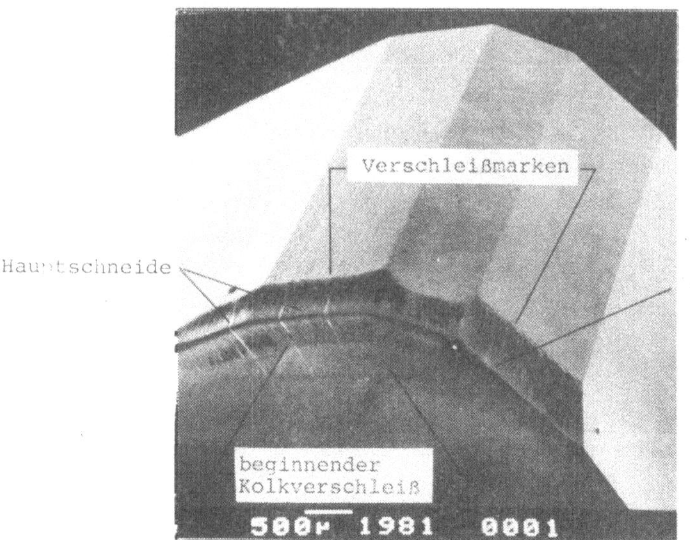

Bild 2.1: Verschleißformen an einer Hartmetallwendeschneidplatte eines Stirnfräsers (rasterelektronenmikroskopische Aufnahme).

2.2 Verfahren der Verschleißmessung

Die heute bekannten Verfahren zur Erfassung des Schneidenverschleißes sind recht vielfältig. Von keinem einzigen der prozeßsimultanen Verfahren ist jedoch bekannt geworden, daß es die Serienreife erreicht hätte; ein Hinweis auf die meßtechnischen Schwierigkeiten, die diese Aufgabe bietet. Einen breiten Überblick über einen Großteil der in jüngerer Zeit entwickelten Verschleißsensoren geben Micheletti, König und Victor /12/. Deshalb soll im folgenden nur so weit auf mögliche oder bereits verwendete Verfahren eingegangen werden, als dies zum Verständnis oder zur Bewertung der vorliegenden Arbeit notwendig erscheint. Die angegebenen Beispiele erheben aus diesem Grunde nicht den Anspruch auf Vollständigkeit.

Zwei Klassen bieten sich zur Einteilung der Meßverfahren an. Die erste faßt alle die Verfahren zusammen, die sich irgendwelche mit dem Verschleiß einhergehenden Änderungen der Schneidengeometrie zunutzemachen. Die zweite umschließt jene Verfahren, die auf Sekundärwirkungen des Schneidenverschleißes beruhen. In diesem Sinne sollen die ersten als direkte, die zweiten als indirekte Verfahren bezeichnet werden.

2.2.1 Direkte Meßverfahren

An Dreh- und Fräswerkzeugen unterscheidet man Haupt- und Nebenschneide. Die erste leistet die Hauptarbeit bei der Zerspanung, die letzte bestimmt im wesentlichen die Oberflächenqualität des bearbeiteten Werkstücks. Mit der verschleißbedingten Anfasung der Schneidkanten (vgl. 2.1), der Bildung von Verschleißmarken, vollzieht sich offenbar eine Änderung der Schneidenlage: Durch den Versatz der Schneidkanten wandern diese gleichsam vom Werkstück weg (Bild 2.2). Gleichzeitig nehmen Schnittiefe und Schneidkreisdurchmesser ab.

Fräsversuche mit Messerköpfen, die mit Hartmetallschneiden bestückt waren, führten zu der Erkenntnis, daß insbesondere die Verschleißmarken an den Nebenschneiden zur Quantifizierung des Verschleißzustands geeignet sind. Die Breite dieser Verschleißmarke VB_N nimmt mit dem Fräsweg L beträchtlich rascher zu als die Breite VB_H der Verschleißmarke an der Hauptschneide /13/. Man gewinnt also eine entscheidend höhere Empfindlichkeit des Meßverfahrens als durch die Erfassung der Größe VB_H. Im Zuge derselben Versuche ermittelte man das Standzeitende für die Bearbeitung des Werkstoffs Ck 45 bei VB_N = 2,4 mm, einem Wert, der die halbe Schneidplattenstärke ausmachte. Die Beherrschung derartiger Längen birgt keine grundsätzlichen meßtechnischen Schwierigkeiten.

Der verschleißbedingte Versatz der Schneidkanten SKV_N steht in einer festen geometrischen Beziehung zur Breite VB_{NF} derselben, wie Bild 2.2 zeigt. Wenn α den Freiwinkel und γ den Spanwinkel bedeuten, so gilt für die Nebenschneidenfase der Zusammenhang

$$SKV_N = \frac{VB_{NF}}{\tan \gamma + \cot \alpha} \ . \qquad (2.1)$$

Damit ist der Schneidkantenversatz an der Nebenschneidenfase SKV_N ein Maß für den Schneidenverschleiß. Die Verschleißmessung wird dadurch auf eine reine Längenmessung zurückgeführt.
Als Meßgrößenaufnehmer für die Erfassung dieser Größen kommen berührend oder berührungsfrei wirkende Längenaufnehmer in Betracht, die entweder von einer werkzeugfesten oder einer maschinenfesten Bezugsfläche aus messen. Ihr Wirkprinzip ist zunächst beliebig. Konkrete Anforderungen ergeben sich erst im Zusammenhang mit den jeweiligen Prozeßbedingungen.

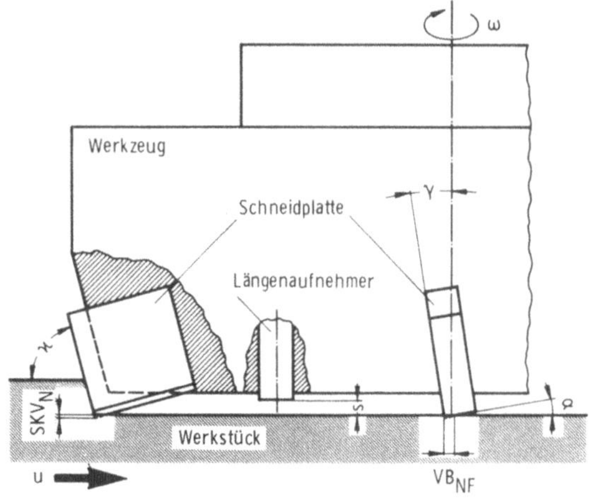

Bild 2.2: Die Messung des Schneidenverschleißes an einem Messerkopf als Aufgabe der Längenmeßtechnik; Verschleißmarkenbreite VB_{NF} und Schneidkantenversatz SKV_N an der Nebenschneide sind äquivalente Größen;

u Vorschubgeschwindigkeit, s Meßabstand, α Freiwinkel, γ Spanwinkel, κ Einstellwinkel.

Einige Verschleißsensoren für die verschiedenen Zerspanungsprozesse existieren als Prototypen. Exemplarisch genannt seien ein pneumatischer Sensor zur Messung der Schleifscheibenabnützung, entwickelt an der RWTH Aachen /14/, ein gleichfalls pneumatischer Sensor zur Erfassung des Schneidenverschleißes an Drehwerkzeugen, entwickelt an der TH Darmstadt /15/, und ein kapazitiver Sensor zur Messung des verschleißbedingten Versatzes der Nebenschneidkanten von Wendeplattenfräsern, entwickelt an der Universität Karlsruhe /16/. Zu erwähnen sind weiter ein Ultraschallsensor /17/ sowie ein in diskreten Schritten messender Aufnehmer (Leiterbahnverfahren) /18/, beide an der TU Berlin für die Verschleißmessung am Drehmeißel entwickelt. Schließlich ist auf eine neuere Entwicklung an der TH Darmstadt hinzuweisen, die eine Lagemessung aller Schneiden eines rotierenden Messerkopfes mittels eines opto-elektronischen Systems zum Ziele hat. Das Meßsystem arbeitet mit einer Photodiodenzeile, auf die das Schattenbild der jeweils durch das Bildfeld bewegten Schneide projiziert wird. Die elektronische Abfrage der Dioden erfolgt so rasch (10 MHz-Zyklus), daß Messungen bei Umfangsgeschwindigkeiten bis zu 352 m/min möglich sind /19/. Ein weiterer opto-elektronischer Verschleißsensor für Drehwerkzeuge, der unmittelbar die Verschleißmarkenbreite VB_N an der Nebenschneide erfaßt, wurde an der RWTH Aachen entwickelt /20/. Von den genannten Sensoren arbeiten vier prozeßsimultan, nämlich der Aachener Sensor für den Schleifscheibenverschleiß, der Darmstädter

(pneumatisch) und die beiden Berliner Verschleißsensoren (akustisch
bzw. diskret-resistiv) für den Drehprozeß. Eingeschränkt prozeßsimultan arbeitet das opto-elektronische Meßsystem aus Darmstadt -
hier spielt die meßtechnische Zugänglichkeit der Schneidplattenperi-
pherie eine ausschlaggebende Rolle - , wohingegen der Verschleißsensor für den Fräsprozeß aus Karlsruhe (kapazitiv) und derjenige aus
Aachen für den Drehprozeß (opto-elektronisch) ausschließlich für in-
termittierende Messungen während der Prozeßpausen ausgelegt sind.

Das zweite Meßprinzip innerhalb der Kategorie der direkten Verfahren beruht auf der Erfassung des Materialabtrags; es handelt sich
also um volumetrische oder Mengenmessungen. Hier ist an erster Stelle die Radionuklidtechnik zu nennen, die in der Medizin einen breiten Anwendungsbereich gefunden hat, im Einsatz für die industrielle
Verschleißmessung jedoch über das Laboratoriumsstadium kaum hinaus-
gelangt ist. Die Gründe hierfür dürften einerseits in einem befürch-
teten Sicherheitsrisiko besonders hinsichtlich der Lagerung aktivier-
ter Werkzeuge (Summierung der radioaktiven Emission), andererseits
in dem beträchtlichen meßtechnischen Aufwand liegen, der zur Auflösung der gerade aus Sicherheitsgründen gering zu haltenden Strah-
lendosen notwendig ist. Der Vorteil des Verfahrens liegt in der Möglichkeit, auch an unzugänglichen Stellen Materialabtragungen erfassen
zu können /21/. So sind z.B. radiometrische Messungen in Radionuklidtechnik an hochbeanspruchten Elementen von Verbrennungsmotoren
während des Betriebs durchgeführt worden /22/. Schon früher wurden
grundlegende Verschleißmessungen beim Drehen mit aktivierten Hart-
metallwerkzeugen von H. Opitz und W. Kattwinkel gewagt, denen es
gelang, einen eindeutigen Zusammenhang zwischen Volumenabtrag und
Standzeitverhalten nachzuweisen /23/. Im wesentlichen dienten die
genannten Anwendungen der Gewinnung repräsentativer Aussagen über
das Verschleißverhalten bestimmter Werkstoffe oder Bauteile in definierten Funktionsabläufen. Bei Berücksichtigung des gegenwärtigen
Entwicklungsstandes /24/ ist eine Anwendung des Verfahrens in der
spanenden Fertigung unter Prozeßbedingungen wenig wahrscheinlich.

2.2.2 Indirekte Verfahren

In diese Kategorie fallen alle die Verfahren, die sich bestimmte
Sekundärwirkungen des Schneidenverschleißes zunutzemachen. Das gänz-
lich unverschlissene Schneidplättchen hat, so darf man annehmen,

vor seinem ersten Einsatz die im Hinblick auf die Schnittbedingungen
optimale geometrische Gestalt. Demnach müssen die Schneideigenschaf-
ten des Plättchens mit fortschreitendem Verschleiß zunehmend ungünstiger werden. Daß sich durch die Änderung der Schneidengeometrie
eine Verschlechterung des Prozeßwirkungsgrades ergibt, ist besonders
auch in energetischer Hinsicht zu verstehen. Die sich von der idealen Gestalt immer mehr entfernende Schneidenform führt zu einer Zunahme der Schnittkräfte, wenn die vorgegebene Spanungsleistung bei-
behalten werden soll. Um diese zu erreichen, bedarf es eines erhöhten Energieeinsatzes, der größtenteils in thermische Energie umge-
wandelt wird. Durch die Verschlechterung der Schnittbedingungen entsteht vermehrt Gleitreibung, die Spanablösung geschieht weniger durch
Abrasion als durch Umformprozesse.

Dies äußert sich in einer deutlichen Erhöhung der Temperaturen im
unmittelbaren Schneidbereich. Die Sekundärwirkungen Schnittkraft-
und Temperaturerhöhung lassen sich dann als Meßgrößen für den Ver-
schleißzustand des Werkzeugs nutzen, wenn eine quantifizierbare Zuordnung zur Schneidengeometrie oder zur Zerspanleistung hergestellt
werden kann. Das scheint im Falle des Dreh- und Hobelprozesses, wo
eine eindeutige Korrelation zwischen gewissen Zerspanungskraftkompo-
nenten bzw. den von ihnen eingeschlossenen Winkeln und dem Freiflä-
chen- bzw. Kolkverschleiß gefunden worden ist, grundsätzlich gelungen zu sein /25,26/. Für den Fräsprozeß ist bis heute nur ein einzi-
ges Verfahren bekannt geworden, das Ähnliches leistet. Es beruht auf
der prozeßsimultanen Erfassung der Winkel zwischen den Zerspankraftkomponenten, die mit großem rechnerischen Aufwand - in der Versuchs-
durchführung bediente man sich eines Prozeßrechners - miteinander in
Beziehung gesetzt werden (Raumwinkelkorrelation) /27/. Einer breiten
Anwendung dieser Verfahren steht jedoch immer noch der hohe meßtechnische Aufwand entgegen, der für die prozeßsimultane Erfassung der
Zerspankraftkomponenten getrieben werden muß.[†]

Die meßtechnische oder analytische Verknüpfung der Schneidentem-
peraturen mit den bekannten geometrischen Verschleißgrößen scheint
dagegen nicht gelungen zu sein. Es wurden zwar Zusammenhänge zwischen
Kolkverschleiß und Spanflächentemperaturen an Drehmeißeln nachgewie-
sen /28/, der Nachweis der Eignung von Temperaturmessungen zur Quan-

---

[†] Eine Einrichtung zum Messen der periodisch wechselnden Zerspankräfte beim Stirnfräsen hat K. Maier entwickelt /30/.

tifizierung des Schneidenverschleißes steht aber bis heute aus. Auch ein Versuch, durch die Anpassung der Schnittgeschwindigkeit eine weitgehende Konstanz der Werkzeugtemperatur zu erzielen, um so einen Sensor für eine adaptive Regelung zu erhalten, hat keine Nachahmer gefunden /29/.

2.3 Anforderungen an einen Verschleißsensor für den Fräsprozeß

Eine ACO-Regelung bedarf geeigneter Größen zur Beurteilung der Prozeßgüte. Für ein System, dessen Aufgabe die an der Kostenminimierung ausgerichtete Regelung eines Spanungsprozesses ist, eignen sich beispielsweise Spanungsleistung (Volumen je Zeiteinheit) und Werkzeugverschleiß als Führungsgrößen /31/. Letzterer wird durch einen Verschleißsensor gemessen, der zuallererst der Regelstrategie dienen muß. Das bedeutet, daß sensorseitig keinerlei funktionale oder hierarchische Forderungen an das System gestellt werden sollten. Die Signalabfrage sollte möglichst keinen zeitlichen Einschränkungen unterworfen sein, so daß eine auf die tatsächliche Verschleißgeschwindigkeit abgestimmte Abfragefrequenz eingehalten werden kann. Die kontinuierliche Messung des Werkzeugverschleißes erfüllt diese Bedingung, schafft aber eine Reihe technischer Forderungen bezüglich Art und Wirkungsweise des Sensors, die im folgenden näher beleuchtet werden.

Von seiten des bereits zu einem früheren Zeitpunkt in wesentlichen Komponenten existierenden Frässystems waren zu Beginn der Sensorentwicklung einige Erfordernisse und Entscheidungen vorgegeben, die sich in erster Linie auf das Frässystem bezogen. Am bedeutsamsten für Form und Anordnung des Sensors war dabei zweifellos die Wahl des Werkzeugs. Die am gemeinsamen Projekt mitwirkenden Mitarbeiter der beteiligten Institute hatten sich für einen Wendeplattenstirnfräser des Typs Walter F 243 entschieden, der mit 8 angefasten, negativen Schneidplatten der Kantenlänge 12,7 mm bestückt ist. Um Ratterschwingungen vorzubeugen, sind die Schneidplatten in ungleicher Winkelteilung im Schneiddurchmesser von 125 mm angeordnet. Der Axialwinkel beträgt -6°, der Keilwinkel 90°, der Freiwinkel an der Nebenschneide 6°. Die Schneidplatten sind bezüglich einer zur Spanfläche orthogonalen Achse um 15° gegen die Fräsebene angestellt (vgl. Bild 2.2).

2.3.1 Zeitverhalten

Der Fräsprozeß ist durch den periodisch wechselnden Eingriff der Werkzeugschneiden gekennzeichnet und ähnelt daher in seiner Dynamik dem Schleifprozeß. Von diesem unterscheidet er sich jedoch durch die Eigenschaft der genau definierten Schneidengeometrie. Die prozeßsimultane Messung des Schneidenverschleißes ist aus diesem Grunde ein instationärer Vorgang, bei dem die Zeit eine dominierende Größe ist. Die direkte Verschleißmessung am bewegten Werkzeug verlangt Sensoren mit minimaler Eigenträgheit, die kurze Einstellzeiten gewährleistet. Welche Einstellzeit ein punkthaft wirkender Sensor beim dynamischen Antasten lateral vorbeibewegter Nebenschneidenfasen höchstens beanspruchen darf, ist aus Bild 2.3 zu ersehen. Für verschiedene Schnittgeschwindigkeiten v ist über der Verschleißmarkenbreite VB_{NF} an der Nebenschneidkante die höchstzulässige Einstellzeit $T_{E,max}$ aufgetragen. Für VB_{NF} = 0,1 mm beispielsweise verbleiben dem Sensor genau 30 µs für den gesamten Signalanstieg, wenn die Schnittgeschwindigkeit v = 200 m/min beträgt. Dieser Wert macht deutlich, daß allenfalls schnelle opto-elektronische Sensoren für diesen Einsatz in Betracht kommen.

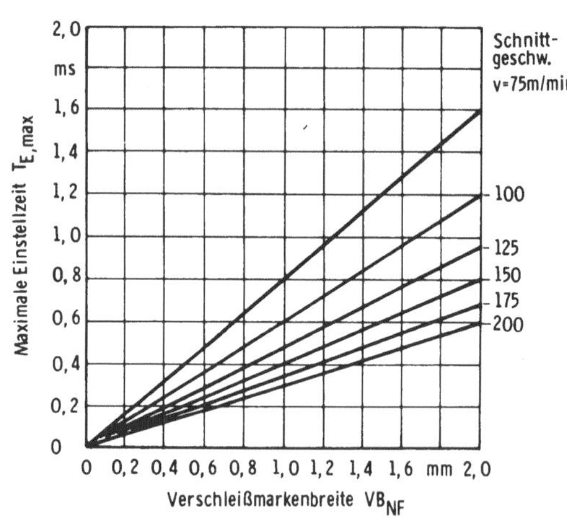

Bild 2.3: Höchstzulässige Signaleinstellzeit eines Verschleißsensors für die direkte Antastung der Nebenschneidenfase bei verschiedenen Schnittgeschwindigkeiten.

Im Falle einer Antastkonfiguration, wie sie in Bild 2.2 dargestellt ist, erhöht sich die zulässige Einstellzeit um eine Größenordnung, wenn die Spanungsbreite bzw. die Werkzeugüberdeckung ausreichend ist. Der Sensor ist hier im Werkzeug untergebracht und bewegt sich näherungsweise auf einer Kreisbahn über der bearbeiteten Werkstückoberfläche. Im Normalbetrieb läuft er indessen periodisch

immer dann aus dem Meßbereich, wenn er die Überdeckungszone verläßt.
Folglich stellt sich auch in diesem Fall ein instationärer Signalverlauf ein, wie ihn Bild 2.4 qualitativ zeigt. Bei vergleichbaren
kinematischen Bedingungen steht dem Sensor hier eine entscheidend
längere Tastzeit für die Signalbildung zur Verfügung. Der Nachteil
dieser Meßanordnung ist allerdings der Fortfall der Möglichkeit,
die Schneiden einzeln anzutasten.

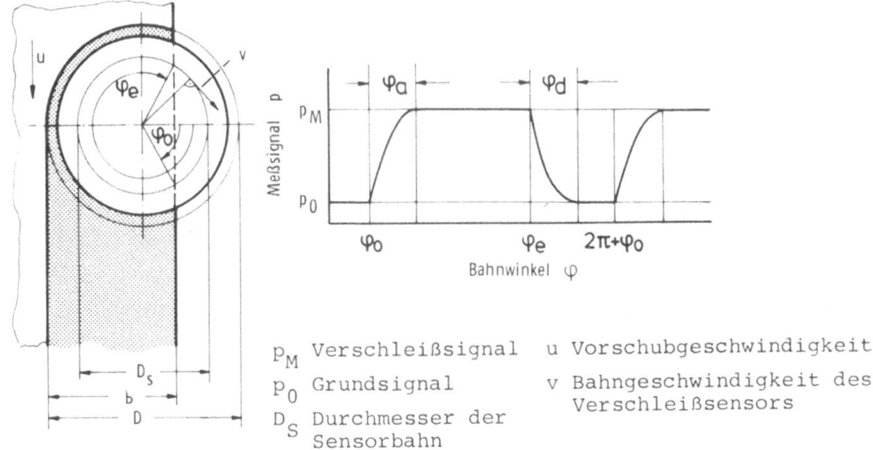

p_M Verschleißsignal   u Vorschubgeschwindigkeit

p_0 Grundsignal   v Bahngeschwindigkeit des Verschleißsensors

D_S Durchmesser der Sensorbahn

<u>Bild 2.4:</u> Signalverlauf eines Verschleißsensors beim dynamischen
Antasten der Werkstückoberfläche vom rotierenden Werkzeug aus.

2.3.2 <u>Meßbereich, Auflösungsvermögen und Meßunsicherheit</u>

Unabhängig vom Meßverfahren und von der gewählten Verschleißmeß-
größe ist vom Verschleißsensor ein Meßbereich zu fordern, der den
gesamten Verschleißbereich bis hin zu dem Wert überdeckt, der dem
statistischen Standzeitende entspricht. Beim Schruppen wird dieser
auch als Verschleißgrenze bezeichnete Zustand als erreicht angese-
hen, wenn sich die Verschleißmarke an der Nebenschneidenfase über
die halbe Schneidplattendicke erstreckt /26/. Diese beträgt beim
verwendeten Werkzeug 4 mm; mit einem Schneidwinkel von 6° liegt die
Verschleißgrenze demnach bei einer Verschleißmarkenbreite von ca.

$VB_{NF} \approx 2$ mm. Der entsprechende Schneidkantenversatz beträgt nach
Gl. (2:1) mit $\alpha = \gamma = 6\,°$ SKV $\approx 0,2$ mm, eine Größenordnung weniger.
Ein Verschleißsensor für die direkte Antastung der Schneiden sollte
folglich einen Meßbereich von mindestens 200 μm aufweisen. Dabei
ist zu bedenken, daß die Messung an bewegten Schneiden erfolgt.
Ein ausreichender Sicherheitsabstand - dem Betrage nach zumindest
dem Meßbereich gleich - muß aus diesem Grunde unbedingt vorgesehen
werden. Folgerichtig hat der Arbeitspunkt, der den Arbeitsbereich
des Sensors i.a. in zwei gleiche Hälften teilt, im Abstand $s_A =$
300 μm vom Sensor entfernt zu liegen.

Die Mindestanforderungen bezüglich Auflösungsvermögen und Linearität werden von der Regelstrategie bestimmt. Häufige Signalabfragen
verlangen ein entsprechend hohes Auflösungsvermögen, die Verwendung
eines leistungsfähigen Prozeßrechners im System läßt praktisch be-
liebige Linearitätsabweichungen der Sensorkennlinie zu. Seitens der
Regelstrategie wurde nun ein Auflösungsvermögen verlangt, das eine
Unterteilung des Verschleißbereichs in mindestens 50 Abschnitte si-
cherstellt. Von einem direkt antastenden Sensor ist demnach zu fordern, daß er einen Schneidkantenversatz von 4 μm sicher zu erfassen
vermag. Hinsichtlich der Meßunsicherheit wurden ∓ 2 %, bezogen auf
den Meßbereich, oder ∓ 4 μm als ausreichend beurteilt.

2.3.3 Störgrößen und Funktionssicherheit

Der Fräsprozeß wird von einer Fülle unterschiedlicher Störeinflüsse begleitet. Besonders charakteristisch sind die nach Betrag
und Richtung rasch wechselnden Schnittkräfte, die sich als elastische Verformungen vom Werkzeug bzw. Werkstück auf die Maschine fortpflanzen.

Die abrasive Materialtrennung unter hohen mechanischen Spannungen führt zu einem beträchtlichen Temperaturanstieg besonders im
Spanbereich. Obgleich der größte Teil der freigesetzten thermischen
Energie mit den Spänen fortgeführt wird, erwärmen sich auch Werkzeug
und Frässpindel. Die Folge sind geometrische Änderungen an den z.T.
stark aufgeheizten Schneidplatten, die ins Meßergebnis eingehen.
Beim Zerspanen mit Hartmetallschneiden wird meist auf Kühl- oder
Schmierstoffe verzichtet. Daher können, besonders während der Bearbeitung von Gußwerkstoffen, feine Werkstoffpartikel in die umgebende Luft gelangen und sich auf dem Werkzeug oder exponierten Maschi-

nenflächen niederschlagen. Es ist also davon auszugehen, daß auch direkt antastende Sensoren schon nach kurzer Betriebszeit von einem Metallstaubbelag überzogen sein werden, der ihre Funktionstüchtigkeit erheblich beeinträchtigen kann.

Die am Anfang des Abschnitts angesprochenen Schnittkräfte können u.U. Schwingungen erregen, die sich durch das gesamte mechanische System fortpflanzen und folglich auch den im Werkzeug oder an einem stationären Maschinenteil angebrachten Sensor erfassen.

Zur Funktionssicherheit eines Verschleißsensors gehören indessen, über das Vorstehende hinaus, Fragen des Eigenverschleißes, der Sicherheit von Versorgungs- und Signalleitungen, bei werkstoffempfindlichen Aufnehmern schließlich auch der Werkstoffhomogenität.

2.4 Auswahl eines geeigneten Meßverfahrens

Im vorangegangenen Abschnitt ist der Versuch unternommen worden, Belastungen, denen ein Verschleißmeßsystem im Fräsbetrieb ausgesetzt ist, zusammenzutragen und, soweit möglich, zu quantifizieren. Im folgenden stellt sich die Aufgabe, die in 2.2 vorgestellten Verfahren und Sensoren an diesen Anforderungen zu messen, also auf ihre Eignung für den Einsatz im Fräsprozeß zu untersuchen.

2.4.1 Leistungsfähigkeit bekannter Verfahren und Sensoren

In Tabelle 2.1 sind die wichtigsten Leistungsdaten einiger aus der Literatur bekannter Verfahren bzw. Sensoren zur Messung des Schneidenverschleißes spanender Werkzeuge zusammengestellt. Soweit die in den entsprechenden Veröffentlichungen angegebenen Größen mit den in der Tabelle benutzten identisch sind, wurden die Zahlenwerte unverändert übernommen. Einige der Daten jedoch ließen sich nicht ohne Anpassung übertragen, weil gewisse Größen nicht unmittelbar vergleichbar sind. So wird in manchen Aufsätzen beispielsweise der Begriff "Auflösungsvermögen" verwendet; eine Größe, die bei vielen analogen Meßgrößenaufnehmern den Wert unendlich annimmt, für eine vergleichende Gegenüberstellung also ungeeignet ist. Demgegenüber hat sich die Angabe der Meßunsicherheit meist als aussagefähiger erwiesen. Im vorliegenden Fall ließ sie sich ohne Schwierigkeit aus den Genauigkeitsangaben über die jeweiligen Meßverfahren ermitteln. Fehlte die Angabe des Meßbereichs, so wurden der Wert $MB_{min} = 250$ µm eingesetzt und

alle meßbereichsbezogenen Größen daraus berechnet. Der Linearitätsfehler wurde, so weit das möglich war, gesondert angegeben, als sy-
stematischer Fehler aber nicht in die Zahlenangabe für die Meßunsicherheit einbezogen. Dem liegt die Annahme zugrunde, daß das über-
geordnete Regelsystem ohnehin mit einem Prozeßrechner arbeitet, so
daß eine numerische Linearisierung der jeweiligen Kennlinie eigentlich keine nennenswerten Schwierigkeiten bereiten sollte. Der Begriff "Einstellzeit" quantifiziert an dieser Stelle allein das Zeitverhalten des Meßgrößenaufnehmers und enthält nicht die für eine
möglicherweise erforderliche Signalverarbeitung benötigte Zeitspanne. Die Einstellzeit des akustischen Sensors (Ultraschallsonde) beispielsweise wurde aus den Laufzeiten des Schallimpulses für Hin-
und Rückweg im Koppelmedium Wasser berechnet, wohingegen dieselbe
Größe beim opto-elektronischen Bildsensor (Diodenzeile) aus der Ab-
tastfrequenz der Steuerelektronik ermittelt wurde.

	Sensor, Verfahren	Meßgröße	Meßbereich $MB\ [\mu m]$	Linearitätsfehler $\varepsilon_L\ [\%]$	Maximale Meßunsicherheit $f_g\ [\mu m]$	Einstellzeit $T_E\ [ms]$	Mindestbreite der Antastzone $b\ [mm]$	Quelle
Direkte Verfahren	Kapazitiver Sensor*	SKV_N	500 800	∓ 0,5 +18,8	∓ 2	0,05	0,1	/16/
	Diskretresistiver S.	VB_{NF}	1000	∓ 5,0	∓25	–	–	/18/
	Akustischer Sensor**	SKV_N	$>10^4$	–	∓ 2	0,008	10	/17/
	Pneumatischer Sensor	SKV_N	250	∓ 8,4	∓ 5	10	2	/3/
	Opto-elektron. Bildsensor***	SKV	330 2640	–	∓10	0,013 0,051	0	/19/
	Radio-Nuklid-Verfahren	SKV	>2000	∓ 1,0	∓ 1	<1000	0	/24/
Indirekte	Schnittkraftsensor	F_S, Γ	250	–	∓15	1	0	/27/

*) unterschiedliche Meßbereichsdefinition; **) mit Koppelmedium; ***) Diodenzeile mit 1024 Dioden; 128 Dioden.

Tab. 2.1: Leistungsdaten einiger bekannter Verfahren und Sensoren
zur Messung des Schneidenverschleißes an spanenden Werkzeugen.

Die Verwendung gewisser Sensoren verlangt eine endliche Mindest-
ausdehnung der angetasteten Fläche. So benötigt der pneumatische Längenaufnehmer eine ausreichend große Fläche, um die für eine Signalbildung unerläßliche Stauströmung ausbilden zu können. Der akusti-
sche Sensor, bei dem im hier diskutierten Anwendungsfall Sender und
Empfänger eine Einheit bilden /17/, ist ohne eine ausreichende Re-
flexionsfläche für die "Spiegelung" der auftreffenden Wellenfronten
wirkungslos. Der kapazitive Sensor schließlich bedarf einer geeignet
angeordneten Gegenfläche zur Komplettierung der Kondensatorkonfigu-
ration. Diese als "Antastzone" bezeichnete Fläche ist in der Dimension "Breite" in einer besonderen Rubrik quantifiziert. Sie kann, je
nach Sensoranordnung, entweder durch die Werkstückoberfläche oder
durch eine Verschleißmarke gebildet werden.

Alle Angaben in Tabelle 2.1 sind im übrigen als Anhaltswerte zu
verstehen und müssen bei modifizierten Sensortypen neu ermittelt
werden.

2.4.2 Einfluß begleitender Prozeßbedingungen

In Tabelle 2.2 werden typische Einflußgrößen, die den Fräsprozeß
in irgendeiner Weise begleiten, bezüglich ihrer Wirkungen auf wichtige Eigenschaften der oben vorgestellten Sensoren untersucht. Als
Ordinate sind die wirksamen Einflußgrößen, gegliedert nach ihrer
attributiven Zugehörigkeit zu Werkstück, Werkzeug, Maschine und
Prozeß, als Abszisse die untersuchten Sensorarten mit ihren Merk-
malen Meßbereich, Meßunsicherheit, Zeitverhalten, Funktionssicherheit und Lebensdauer dargestellt. Der Meßbereich ist entscheidend
für die Erfassung der Meßgröße über dem gesamten Verschleißbereich.
Gerade mit der Möglichkeit der Korrektion von Linearitätsabweichungen (vgl. 2.6.2) darf er aber so groß gewählt werden, daß meß-
bereichsrelevante Einflußgrößen die Funktionsfähigkeit nicht wesentlich einschränken.
Ein weiteres wichtiges Merkmal ist die Meßunsicherheit. Nach dem Überschreiten eines oberen Grenzwertes arbeitet ein Sensor in einem Maße
unzuverlässig, das eine verläßliche Messung ausschließt. Dieses und
ein weiteres Merkmal, das Zeitverhalten, wirken unmittelbar auf die
Funktionssicherheit des Verschleißsensors ein. Letzteres hängt zunächst von der sensorspezifischen Trägheit - ausgedrückt durch die
Einstellzeit T_E (vgl. Abschnitt 2.5.3.3) - ab, unterliegt jedoch in

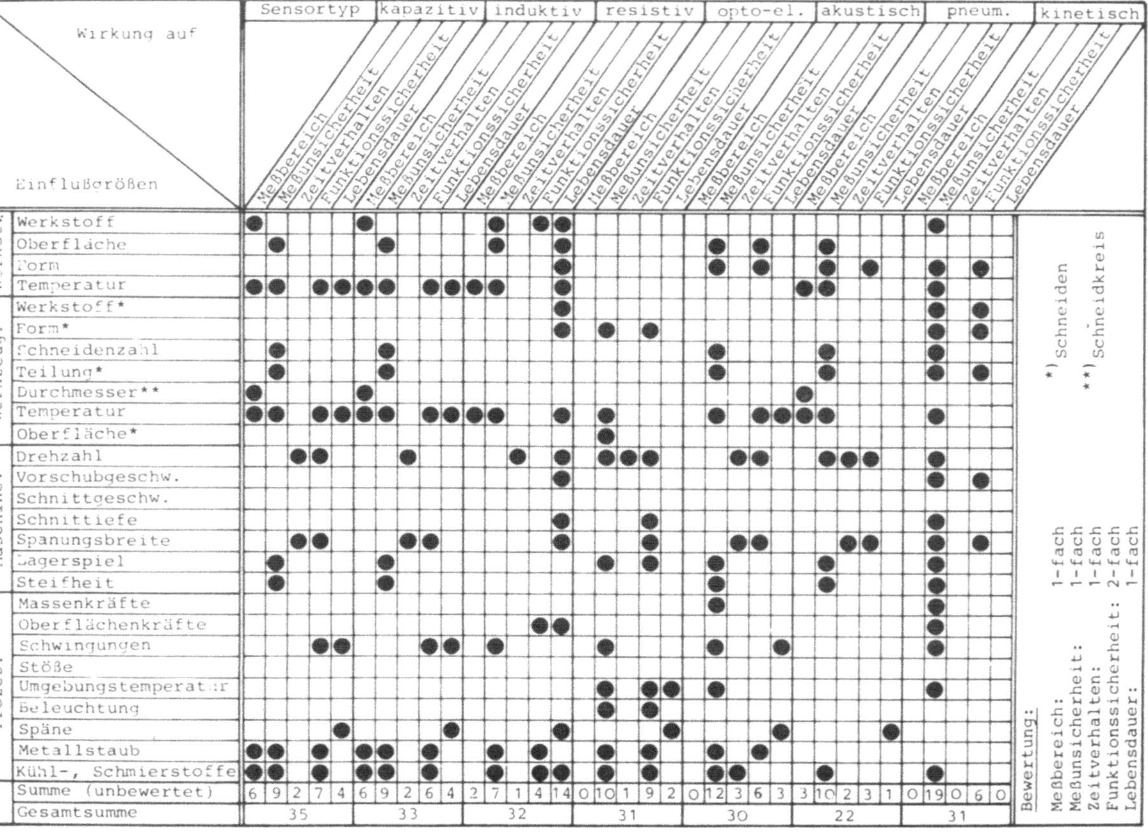

Tab. 2.2: Wirkung prozeßbegleitender Einflußgrößen auf wesentliche Kriterien verschiedener Sensoren (qualitativ); die Eigenschaft "Funktionssicherheit" ist doppelt bewertet.

noch stärkerem Maße den Einflüssen der Antastkonfiguration und der
kinematischen Parameter Spindeldrehzahl, Werkzeugdurchmesser,
Schneidenzahl und Überdeckungsgrad. Die Funktionssicherheit selbst
ist die eindeutige Dominante unter den Sensormerkmalen. Sie wurde
daher in der Gesamtbewertung mit dem Gewichtungsfaktor 2 versehen.
Schließlich kommt der Rubrik Lebensdauer deshalb eine erhebliche
Bedeutung zu, weil diese eng mit der Frage nach der Häufigkeit eines
notwendigen Sensorwechsels zusammenhängt, die ihrerseits mit der
Wirtschaftlichkeit der Verschleißmessung insgesamt verknüpft ist.

2.4.3 Eignung der einzelnen Sensorarten für den Einsatz als Verschleißsensor

Wie in 2.3.2 ausgeführt wurde, sollte der Meßbereich des Verschleißsensors MB $\approx$ 200 µm betragen, wenn als Meßgröße der Schneidkantenversatz SKV, jedoch MB $\approx$ 2 mm, wenn die Verschleißmarkenbreite
VB gewählt wird. Offenbar übertreffen alle Sensoren diese Werte, wie
aus Tabelle 2.1 hervorgeht. Im vorliegenden Falle ist der Linearitätsfehler von untergeordneter Bedeutung, da er - wie erwähnt - numerisch korrigiert werden kann. In der Rubrik Meßunsicherheit in
Tabelle 2.1 treten beträchtliche Unterschiede zutage. Hier erzielt
das Radionuklidverfahren das beste Ergebnis mit $\varepsilon = \pm 1$ µm, wohingegen
der diskret-resistive Sensor mit $\varepsilon = \pm 25$ µm infolge der relativ gro-
ben Stufung seiner Leiterbahnen ungünstig abschneidet. Der pneumatische Sensor, als Mantelstrahldüse ausgeführt, liegt immerhin geringfügig besser als der Durchschnitt, wenngleich er die in 2.3.2
zugelassenen Toleranzgrenzen etwas überschreitet.

Die Empfindlichkeit der Sensoren gegenüber prozeßspezifischen
Störgrößen ist in Tabelle 2.2 qualitativ dargestellt. Offensichtlich ist der diskret-resistive Sensor im Hinblick auf meßtechnische
Merkmale wie Meßbereich, Meßunsicherheit und Zeitverhalten von allen konkurrierenden Sensoren am unempfindlichsten gegen die Gesamt-
heit der Störeinflüsse, während der Schnittkraftsensor eine besonders starke Störempfindlichkeit zeigt. In Bezug auf Funktionssicherheit und Lebensdauer weitgehend unbeeinflußt zeigt sich der pneumatische Sensor. Da er beim Vergleich der meßtechnisch relevanten Eigenschaften jeweils einen guten Mittelplatz erzielt, gerade aber bei dem
wichtigen Kriterium "Funktionssicherheit" überlegen ist, kommt diesem
Sensor eine Vorzugsstellung zu. Gelingt es, die Einstellzeit auf ein

erträgliches Maß zu verringern, bietet der pneumatische Längenaufnehmer vergleichsweise gute Voraussetzungen für den Einsatz als inte-
grierter Verschleißsensor.

2.5 Untersuchung einer ausgewählten Mantelstrahldüse

In Anbetracht des geforderten Meßbereichs einschließlich des notwendigen Sicherheitsabstands (vgl. 2.3.2), die insgesamt die Lage
des Arbeitspunkts bei s_A > 300 µm vorschreiben, war frühzeitig er-
kennbar, daß von allen pneumatischen Längenaufnehmern /32,32,33,
34,35/ nur die Mantelstrahldüse /36,37,38/ für die Verwendung als
Verschleißsensor in Betracht kommen würde. Da die im Handel ange-
botenen Varianten, entweder wegen ihrer baulichen Größe oder aber
aufgrund ihrer geometrischen Form, allesamt ausschieden - die Düse
war ja im Werkzeug, also auf engstem Raum, unterzubringen -, mußte
eine eigene, besonders angepaßte Mantelstrahldüse entwickelt werden.

Im Zuge grundlegender experimenteller Untersuchungen entstanden
schließlich mehr als 20 Mantelstrahldüsen unterschiedlicher Form.
Aus mannigfachen Versuchsreihen, die der Simulation der beim Fräsprozeß auftretenden Bedingungen dienten, wurde schließlich e i n e
Düse als besonders geeignet beurteilt, über deren Eigenschaften im
folgenden ausführlich berichtet wird.

2.5.1 Versuchsaufbau

Die Simulation des Fräsprozesses verlangt eine Versuchseinrichtung, welche die Möglichkeit bietet, die typische Kinematik der
Werkzeugbewegung nachzuvollziehen. Es lag nahe, den Versuchsaufbau
so zu gestalten, daß statische und dynamische Untersuchungen wech-
selweise, ohne aufwendige Montagearbeiten, durchgeführt werden
konnten. Die im Bild 2.5 schematisch dargestellte Versuchseinrichtung ermöglichte beides, nach einem kleinen Umbau darüber hinaus
die Untersuchung weiterer Düsen hinsichtlich ihrer Eignung als
Werkstückdetektor (vgl. 3.4.2.1).

Die in der folgenden Beschreibung in Klammern gesetzten Buchsta-
ben beziehen sich auf die entsprechenden Bezeichungen im Bild 2.5.
Zur Simulation der Fräskinematik muß die Meßdüse mit angenähert
konstanter Geschwindigkeit auf einer Kreisbahn bewegt werden. Im
Versuch befindet sie sich daher - eingebaut in einem Düsenhalter (a),
der aus den in Kap. 3 dargelegten Gründen um einen Winkel von 90° in

einer zur Bahnebene senkrechten Meridianebene schwenkbar ist - an
der Planseite einer Drehscheibe (b), die ihrerseits stirnseitig auf
einer zweifach radial und einfach axial gelagerten Hohlwelle (c)
sitzt. Diese wird durch eine elektromechanische Antriebseinheit (d),
die in stufenlosem Übergang Drehzahlen zwischen 150 und 1.300 min^{-1}
ermöglicht, in Drehung versetzt. In den Düsenhalter (a) mündet die
zur Versorgung der Meßdüse erforderliche Druckluftleitung (e). Sie
ist über eine handelsübliche Dreheinführung (f) an die Hohlwelle
(c) angekoppelt. Der Speisedruck der vom Netz kommenden, gefilter-
ten Druckluft wird mittels eines Feindruckreglers (g) eingestellt,
Volumenstrom und Speisedruck werden mit Hilfe des Schwebekörper-
durchflußmessers (h) bzw. des Präzisionsmanometers (i) gemessen.

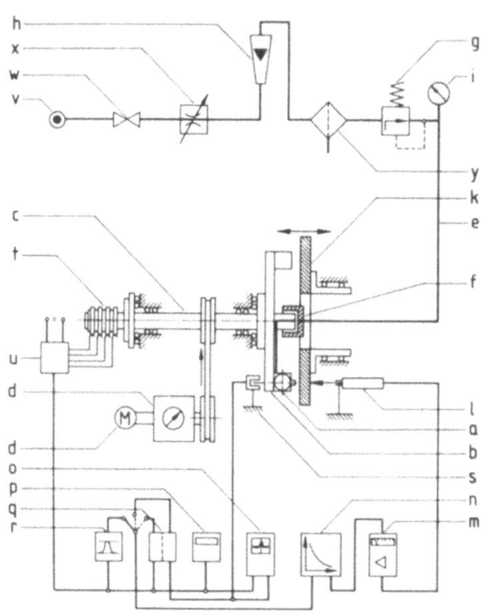

Bild 2.5: Versuchsaufbau zur Simulation der Kinematik des Fräsprozesses; die Prüfung des statischen und dynamischen Verhaltens pneumatischer Sensoren wurde auf dieser Anlage durchgeführt.

Stellt die Drehscheibe (b) gleichsam das rotierende Fräswerkzeug
dar, so ersetzt die Prallplatte (k) das bearbeitete Werkstück. Sie

ist senkrecht zur Wellenachse ausgerichtet und läßt sich parallel zu dieser feinfühlig verschieben. Dies erlaubt die stufenlose Änderung der Spaltweite s (Bild 2.10) und damit die Simulation des schwindenden Abstands zwischen integriertem Verschleißsensor und bearbeiteter Werkstückoberfläche infolge des Fortgangs des Schneidenverschleißes SKV_N (Bild 2.2). Die Lage der Prallplatte, und damit die Spaltweite s, wird mittels eines induktiven Meßtasters (1) gemessen und am zugehörigen Meßverstärker (m) angezeigt.

Ein Halbleiterdruckwandler mit integriertem Signalverstärker des für den späteren Einsatz im praktischen Fräsbetrieb vorgesehenen Typs setzt das Drucksignal der Meßdüse in eine analoge elektrische Spannung um. Er befindet sich, wie die Düse selbst, im Düsenhalter. Spannungsversorgung sowie Signalübertragung erfolgen über Schleifringe (t). Die Signaldarstellung kann alternativ über Digitalanzeige (p), Oszilloskop (o) oder, in Verbindung mit dem Signal der Prallplattenposition (Spaltweite) als Abszisse, über einen Zweikoordinatenschreiber geschehen (n). Die Bahngeschwindigkeit v_u der Meßdüse wird mittels einer mitbewegten Metallfahne mit definierten Abmessungen gleichsam auf eine ruhende Gabellichtschranke (s) abgebildet, so daß eine recht genaue Geschwindigkeitsmessung möglich ist ($\Delta v_u <$ 0,1 m/s). Das Lichtschrankensignal kann über den zweiten Oszilloskopkanal sichtbar gemacht, die zur Bestimmung der Bahngeschwindigkeit benötigte Phase abgelesen werden (Bild 2.6).

Die im folgenden wiedergegebenen Ergebnisse wurden allesamt mit der soeben beschriebenen Versuchsanlage gewonnen.

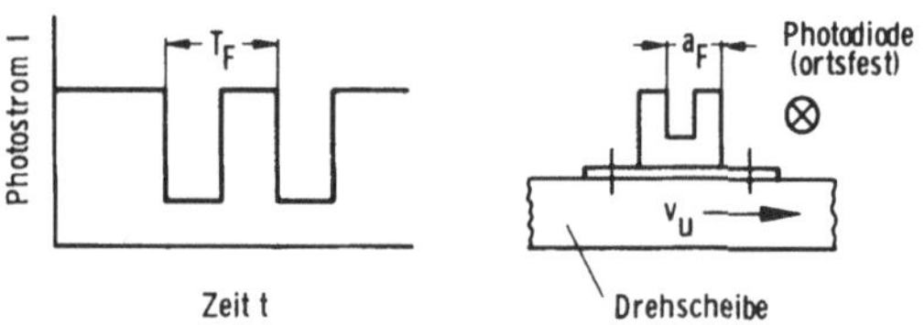

Bild 2.6: Ermittlung der Bahngeschwindigkeit der Meßdüse durch die Abbildung der mitbewegten Metallfahne auf eine ruhende Lichtschranke.

2.5.2 Statisches Verhalten

Für einen beliebigen Punkt der statischen Kennlinie (Bild 2.7) gilt der Zustand stationärer Strömung im pneumatischen System, d.h.

die differentiellen Strömungszustände längs der Kennlinie müssen
mit ausreichend geringer Geschwindigkeit

$$\frac{ds}{dt} < \frac{s_M - s_0}{T_E} \qquad (2.2)$$

durchfahren werden, so daß an jeder Stelle s genügend Zeit für die
Signalbildung zur Verfügung steht. In Gl. (2.2) bedeuten $s_M - s_0$ die
maximale Änderung der Meßgröße und T_E die Einstellzeit (vgl. 2.5.3.3).
Nach dieser Vorschrift wurden für jede der untersuchten Düsen die
charakteristischen Kennlinien aufgezeichnet.

In Bild 2.7 ist die als Verschleißsensor eingesetzte Mantelstrahldüse (a) mit ihren statischen Kennlinien für Speisedrücke zwischen
1,0 und 3,5 bar (b) dargestellt. Durch die Minimierung der Abmessungen des Strömungs- und des Signalkanals auf Durchmesser von 1,2
bzw. 0,5 mm gelang eine beträchtliche Steigerung der Empfindlichkeit bei gleichzeitiger Verminderung des Luftdurchsatzes. Zur Un-
terdrückung der Rauschneigung wird die Luft im mittleren Düsenbe-
reich längs mehrerer Einzelkanäle geführt. Beim Speisedruck p_S =
3,5 bar wurde der Luftbedarf, bezogen auf den technischen Normzu-
stand, zu $\dot{V} \leq 2,8$ m^3/h ermittelt. Der für Mantelstrahldüsen typische Signalsprung tritt hier an der Stelle s = 2,1 mm auf und über-
windet eine Druckdifferenz von ungefähr 300 mbar.

Um einen reichlichen Sicherheitsabstand zwischen Düse und Werkstückoberfläche zu erzielen, wurde als Meßbereich das Intervall
500 µm $\leq$ s $\leq$ 750 µm festgelegt. Offenbar besitzt die Kennlinie jedoch in diesem Bereich keinen Wendepunkt, so daß die übliche Methode
der Meßbereichsbestimmung /39/ in diesem Falle nicht anwendbar ist.
Deshalb wurde der in Bild 2.8 dargestellte Weg beschritten; die hier
gezeigte Kurve stellt einen vergrößerten Ausschnitt der Kennlinie
für p_S = 3,5 bar aus Bild 2.7 dar.

Der Meßbereich MB im Intervall 500 µm $\leq$ s $\leq$ 750 µm schneidet aus
der Kennlinie p = p(s) ein Teilstück mit dem Anfangspunkt 500 µm/
977 mbar und dem Endpunkt 750 µm/666 mbar aus. Die beide Punkte ver-
bindende Sehne und eine zu dieser parallele Tangente an die Kennlinie bilden einen Flächenstreifen, innerhalb dessen die Meßgerade MG
liegen muß (Bild 2.8). Diese wurde als parallele Mittellinie zwischen Sehne und Tangente eingezeichnet. Aus Bild 2.8 entnimmt man
die Linearitätsabweichung, bezogen auf den Meßbereich MB, zu
ε_L < 5 %. Der Arbeitspunkt wurde in die Mitte des Meßbereichs an die

Stelle $s = s_A = 625$ µm gelegt. Schließlich bestimmt die Steigung der Meßgeraden die mittlere Empfindlichkeit zu $\overline{E} = 1,25$ bar/mm.

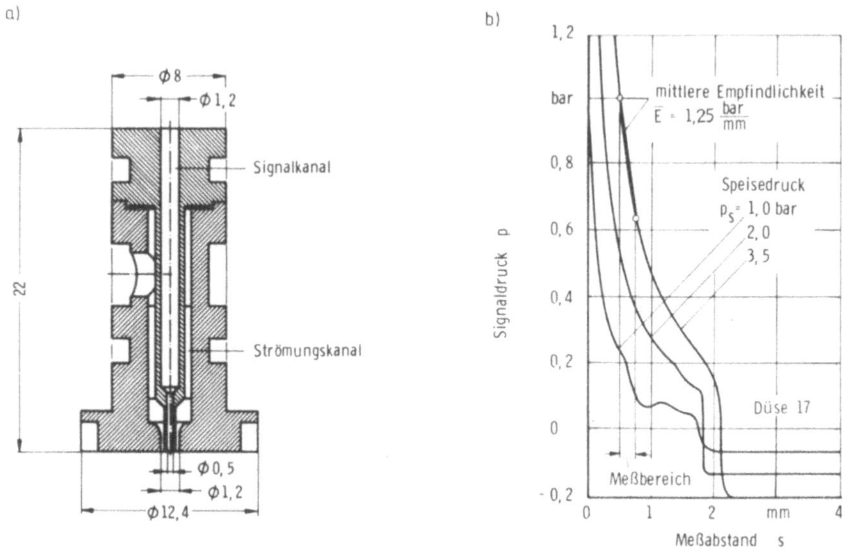

Bild 2.7: Mantelstrahldüse als berührungsfreier Längenaufnehmer für die prozeßsimultane Messung des Schneidkantenversatzes am Fräswerkzeug; a) konstruktive Auslegung; b) $p = p(s)$ - Kennlinien (statisch).

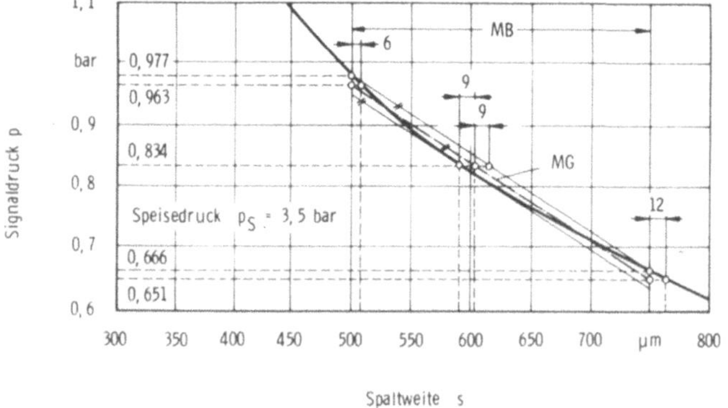

Bild 2.8: Festlegung des Meßbereichs im gleichsinnig gekrümmten Abschnitt der statischen Kennlinie der verwendeten Mantelstrahldüse.

Die Kennlinien pneumatischer Längenaufnehmer verlaufen keineswegs
glatt, sondern sind von einem stochastischen Rauschsignal überlagert,
dessen Amplitude vom Strömungszustand abhängt. Da dieser seinerseits
von der Spaltweite bestimmt wird, ist in Bild 2.9 die Rauschamplitude
Δp_T über der Spaltweite s aufgetragen (a). Δp_T hat die Meßunsicherheit f_{DT} zur Folge, die gleichfalls in Bild 2.9 dargestellt ist (b).
Sie erreicht an der Stelle s = 750 µm für p_S = 3,5 bar den Wert
$f_{DT} = \overline{+}\ 2,3$ µm.

Es fällt auf, daß die Rauschamplitude sowohl mit der Spaltweite s
als auch mit dem Speisedruck p_S zunimmt. Die Zunahme beider Größen
bewirkt also einen Anstieg der Turbulenz der Strömung. Das erklärt
sich aus der Tatsache, daß die Erhöhung des Speisedrucks oder die
Vergrößerung des Meßspalts, bei sonst unveränderter Geometrie, eine
Zunahme der Strömungsgeschwindigkeit im pneumatischen System bewirkt.

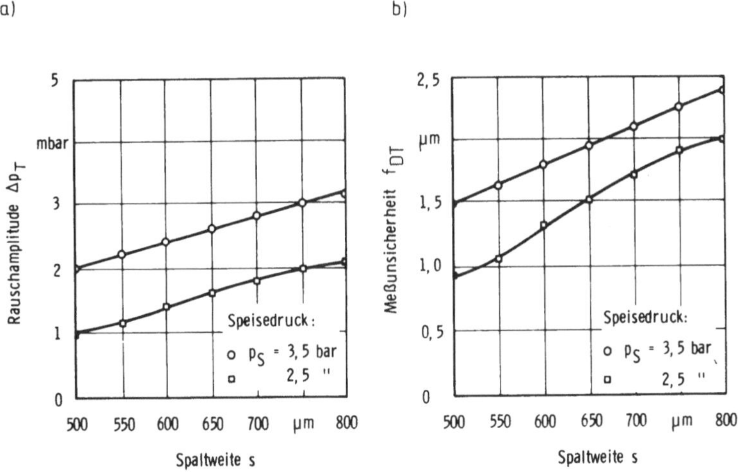

Bild 2.9: Rauschamplitude und resultierende Meßunsicherheit einer
Mantelstrahldüse in Abhängigkeit von der Spaltweite.

Beide in diesem Abschnitt behandelten Fehler, die Linearitätsabweichung ebenso wie das Signalrauschen, sind meßtechnisch beherrschbar, jener durch skalare oder numerische Korrektion, dieser durch
Nachschalten passender Signalfilter (vgl. 2.6.2).

2.5.3 Dynamisches Verhalten

Die Messung des Schneidkantenversatzes SKV_N mittels eines integrierten Längenaufnehmers nach Bild 2.2 (vgl. 2.2.1), also vom Werkzeug aus, bringt es mit sich, daß der Verschleißsensor im Betrieb
auf eine Kreisbahn gezwungen wird. Alle Sensorkomponenten, Düse
ebenso wie Druckwandler, sind daher einer Zentripetalbeschleunigung
unterworfen. In diesem Einsatzfall kann man nicht mehr davon ausge-
hen, daß die austretende Druckluft in ein relativ ruhendes Umge-
bungsluftmeer strömt. Allerdings darf die Relativbewegung zwischen
Düse und Umgebungsluft strömungstechnisch wie eine ruhende Düse in
relativ bewegter Luft behandelt werden, wenn man zunächst die auftretenden Massenkräfte außer acht läßt.

Ein entscheidendes Kriterium des Verschleißsensors ist sein Zeitverhalten. Dieses und die Wirkung der zuvor genannten Einflüsse wurden eingehend untersucht. Bild 2.10 zeigt die Meßanordnung mit dem
orthogonal zur Meßdüse ausgerichteten Druckwandler, dessen Silizium-
membran im Versuch tangential zur Bahnebene lag. Das eingezeichnete
Rechteckprisma diente zur Ermittlung der Einstellzeit T_E. Es wurde
während der Untersuchung der Einflüsse von Trägheitskräften und Querströmungseffekten entfernt, um - wie bei der Untersuchung des statischen Verhaltens - die Prallplatte direkt antasten zu können.

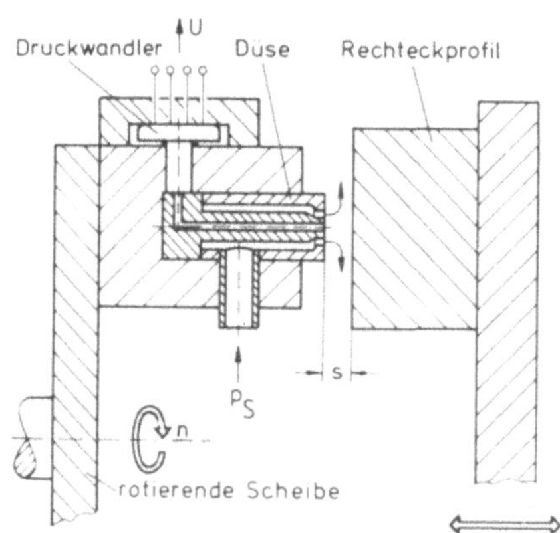

Bild 2.10: Meßanordnung zur Untersuchung des dynamischen Verhaltens
des Verschleißsensors.

2.5.3.1 Einfluß von Trägheitskräften

In ihrer Anwendung als Verschleißsensor bilden Mantelstrahldüse und Druckwandler eine Funktionseinheit. Deshalb beziehen sich die nachfolgend dokumentierten Meßergebnisse auf beide Komponenten gemeinsam. Ohne Drucklufteinspeisung und mit geschlossenem Signalkanal (vgl. Bild 2.7) wurde der Sensor mit steigender Drehzahl auf einer Kreisbahn mit einem Durchmesser von 206 mm im Abstand s = 650 µm - dieser entspricht näherungsweise dem Arbeitspunkt - über der Prallplatte bewegt (Bild 2.10). Auf diese Weise wurde die Ausbildung einer konvektiven Strömung im Signalraum verhindert. Mit der Anordnung gemäß Bild 2.10 unterliegt die Luftsäule im Anschlußstutzen des Druckwandlers sowie im radial ausgerichteten Teil des Signalkanals einer Zentripetalbeschleunigung; der Druck in der Meßkammer des Druckwandlers muß also ansteigen. Die tangential zur Bahnkurve und senkrecht zum Beschleunigungsvektor liegende Halbleitermembran des Wandlers müßte sich, der Trägheitswirkung gehorchend, nach außen wölben, was ja im statischen Fall einer Drucksenkung entspräche. In Wirklichkeit zeigt der Druckwandler eine mit der Drehzahl exponentiell ansteigende Druckerhöhung an (Bild 2.11). Die Membranauswölbung als Folge von Trägheitskräften ist demnach gegenüber der Wirkung der Luftverdichtung im Signalkanal bzw. Druckwandlerstutzen gering. Der Grund hierfür liegt gewiß in der extrem geringen Masse und Ausdehnung der druckempfindlichen Membran.

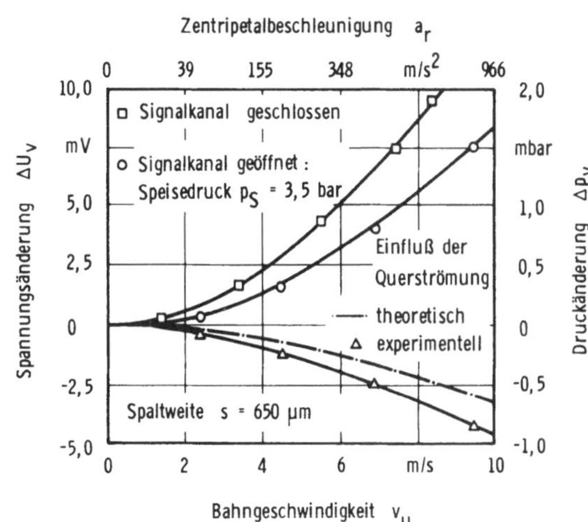

Bild 2.11: Einfluß von Trägheitskräften und Querströmungseffekten auf das Signal einer auf einer Kreisbahn bewegten Mantelstrahldüse (konvergente Düse).

Der Einfluß von Trägheitskräften auf das Sensorsignal läßt sich durch die Anordnung von Signalkanal und Druckwandleranschlußstutzen senkrecht zum Beschleunigungsvektor weitgehend eliminieren.

2.5.3.2 Einfluß der relativen Querströmung

Der in 2.5.3.1 beschriebene Versuch wurde mit offenem Signalkanal unter dem Speisedruck p_S = 3,5 bar wiederholt. Zwar steigt der Signaldruck gleichfalls mit der Drehzahl an, wie Bild 3.11 zeigt, die zweite Kurve verläuft aber deutlich flacher als die erste. Bei offenem Signalkanal kann die Wirkung der Querströmung bis zum Druckwandler vordringen, gleichzeitig wirken aber die Trägheitskräfte infolge der Zentripetalbeschleunigung unverändert fort. Die zweite Kurve ist also das Ergebnis der Überlagerung beider Einflüsse.

Mit der graphischen Subtraktion der ersten von der zweiten Kurve gewinnt man eine dritte, die den Einfluß der reinen Querströmung wiedergibt. Die Vektoren der Querströmung $\vec{v}_u$ und der Austrittsgeschwindigkeit $\vec{w}_a$ überlagern sich zu der resultierenden Geschwindigkeit

$$\vec{w} = \vec{w}_a + \vec{v}_u \, , \qquad (2.3)$$

die, wenn die Vektoren senkrecht aufeinanderstehen, den Betrag

$$w = \sqrt{w_a^2 + v_u^2} \simeq w_a \qquad (2.4)$$

annimmt. Die BERNOULLISCHE Strömungsgleichung liefert, im stationären Fall, den Zusammenhang

$$p + \frac{\rho}{2} w^2 = \text{const.} \, , \qquad (2.5)$$

wenn p den statischen Druck, ρ die Dichte und w die (mittlere) Strömungsgeschwindigkeit des Fluids sind /40/. Vergleicht man den Ausströmvorgang in ruhende Luft mit dem in bewegte Umgebungsluft - ihre Geschwindigkeit betrage v_u -, so lautet Gl. (2.5)

$$p_a + \frac{\rho_a}{2} w_a^2 = p + \frac{\rho}{2} w^2 \, . \qquad (2.6)$$

Bei nicht zu hohen Drücken und Geschwindigkeiten gilt $\rho_a \approx \rho = const.$, so daß sich, unter Berücksichtigung von Gl. (2.4) aus Gl. (2.6) die Druckänderung infolge des Querströmungseinflusses zu

$$\Delta p = p - p_a = - \frac{\rho}{2} v_u^2 \qquad (2.7)$$

ergibt, wo v_u wieder die Bahngeschwindigkeit der Meßdüse bedeutet.

Gl. (2.7) ist in Bild 2.11 den experimentellen Ergebnissen gegenübergestellt und bestätigt diese qualitativ. Entscheidend ist, daß die Signalabweichungen auch bei hohen Bahngeschwindigkeiten, beispielsweise bei $v_u = 10$ m/s, mit $|\Delta p| \approx 1$ mbar vernachlässigbar gering bleiben. Bei einer mittleren Empfindlichkeit der Meßdüse von $\overline{E} = 1,25$ bar/mm beträgt der querströmungsbedingte Meßfehler folglich $|f_{Dv}| = 0,8$ μm.

2.5.3.3 Zeitverhalten

Im Zeitverhalten eines Meßgrößenaufnehmers spiegelt sich dessen Reaktion auf kurzzeitige Änderungen der Meßgröße wieder. Die Einstellzeit T_E (vgl. 2.5.3.3) quantifiziert seine Fähigkeit, das Meßsignal einem quasi unendlich schnell ablaufenden Sprung der Meßgröße möglichst verzögerungsfrei nachzuführen. Das gilt sinngemäß für jede Art eines Sensors.

Die Untersuchung der sog. Sprungantwort des Sensorsignals wurde mit der Versuchsanordnung nach Bild 2.10 ermöglicht. Im Gegensatz zu den früher geschilderten Experimenten führte die Sensorbahn diesmal jedoch nicht über die äquidistante Prallplatte, sondern periodisch über ein vorgesetztes Rechteckprisma, dessen Entfernung von der Meßdüse s = 700 μm betrug. Die Bahngeschwindigkeit der Düse wurde bis zu einem Maße gesteigert, wo der Signalverlauf mehr oder weniger deutlich von der Rechteckform - dem gleichsam idealen Verlauf - abwich; das war bereits bei $v_u = 1,7$ m/s der Fall, wie Bild 2.12 beweist.

Das Drucksignal wurde mit demselben Druckwandler aufgenommen, der - wie später ausgeführt werden wird - im praktischen Fräsbetrieb zum Einsatz kam; die Darstellung in Bild 2.12 stammt von einer Oszilloskopaufzeichnung.

Bei einem Speisedruck p_S = 3,5 bar durchläuft der Signaldruck p
nicht nur den innerhalb des Meßbereichs gelegenen Bereich
0,67 bar $\leq$ p $\leq$ 0,72 bar bzw. 0,75 mm $\leq$ s $\leq$ 0,70 mm (vgl. Bild 2.8),
sondern nahezu den gesamten Signalbereich -0,20 bar $\leq$ p $\leq$ 0,72 bar
bzw. s_0 $\leq$ s $\leq$ 0,7 mm, wobei s_0 $\geq$ 2,2 mm gilt (vgl. Bild 2.7,b). Ein
ähnlicher Signalverlauf wird sich offenbar beim realen Fräsbetrieb
einstellen, wenn mit teilweiser Werkzeugüberdeckung gearbeitet wird
(Bild 2.4). Bild 2.12 entnimmt man die Einstellzeit $T_E \approx$ 30 ms; sie
ist der entsprechenden Abfallzeit T_D offensichtlich betragsgleich.

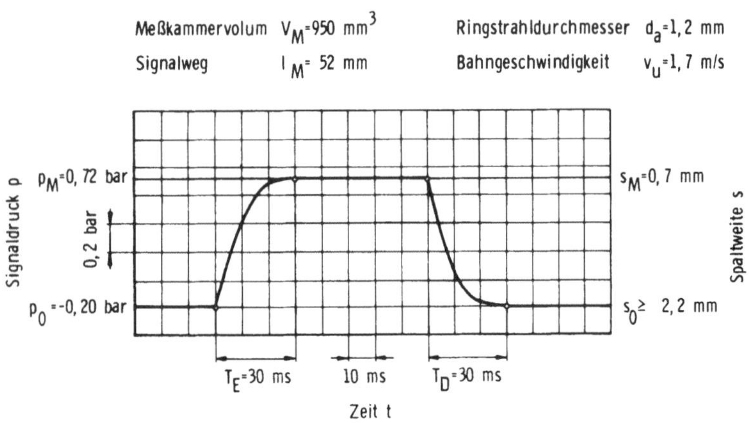

Bild 2.12: Signalverlauf beim lateralen Überfahren eines Rechteckprismas mit dem Verschleißsensor mit der Bahngeschwindigkeit v_u = 1,7 m/s.

In mechanischen Systemen pflanzen sich Signalimpulse als elastische Wellen mit der stoffspezifischen Schallgeschwindigkeit fort.
Die maximale Übertragungsgeschwindigkeit von Drucksignalen in pneumatischen Systemen ist daher die Luftschallgeschwindigkeit, die bei
gewöhnlichen Umgebungsbedingungen $w_S \simeq$ 340 m/s beträgt /40/. Die
Ausbreitung von Druckimpulsen erfolgt als instationärer Vorgang. Im
Sinne der in 2.5.2 getroffenen Definition bildet dieser keine Grundlage für das pneumatische Messen geometrischer Größen. Die Signalbildung geschieht hier durch Druckausgleichsvorgänge, die eine Folge von Stoffströmen sind. Ein solcher Ausgleichsvorgang spiegelt
sich im Verlauf des Drucksignals in Bild 2.12 wieder. Ein von der
Meßgröße s_M abhängiger statischer Druck p_M ist dann erreicht, wenn
das Signal zeitlich unabhängig, also horizontal verläuft.

Demnach sind bei der Signalbildung zwei mechanische Vorgänge be-
teiligt: die wellenartige Ausbreitung einer Druckfront und die kon-
vektive Strömung eines Gaskörpers. Der erste bewirkt, nach Ablauf
der Verzugszeit T_V, den Beginn des Signalanstiegs, der zweite, da-
ran anschließend, den Auffüllvorgang mit dem gleichzeitigen Druckanstieg in der Meßkammer. Beide Vorgänge laufen also sequentiell
ab und nehmen insgesamt die Zeit T_E in Anspruch, die oben als Einstellzeit bezeichnet wurde. Die Verzugszeit ist von der Länge des
Signalwegs, die Anstiegszeit vom wirksamen Druckgefälle, vom Meßkammervolumen und von Länge und Querschnitt des Signalkanals abhängig. Mit der im Versuch vorgegebenen Signalkanallänge l_M = 52 mm
und der Schallgeschwindigkeit w_S = 340 m/s ergibt sich die Verzugszeit zu

$$T_V = \frac{l_M}{w_S} = \frac{0,052 \text{ m}}{340 \text{ m/s}} = 0,153 \text{ ms} \quad , \tag{2.8}$$

ist also gegenüber der gemessenen Signalanstiegszeit zu vernach-
lässigen.

Um den Einfluß des Meßkammervolumens V_M und des wirksamen Druckgefälles ohne experimentellen Aufwand quantifizieren zu können, wurde der Auffüllvorgang mit Hilfe der EULERschen Bewegungsgleichung
theoretisch abgeschätzt. Es handelt sich hierbei um den Vorgang eines Druckausgleichs, wie er beispielsweise beim plötzlichen Öffnen
eines Absperrventils abläuft, das zwei abgeschlossene, mit einem
Gas unterschiedlichen Drucks gefüllte Volumina trennt.

In Bild 2.13 sind die physikalischen Bedingungen für den nachste-
hend berechneten Druckausgleichsvorgang schematisch dargestellt.
Übertragen auf die Verhältnisse bei der Mantelstrahldüse entspricht
der Innenraum der Meßkammer des Druckwandlers sowie dessen Anschlußstutzen mit dem Volumen V, während der Verbindungskanal dem Signalkanal der Düse mit der Länge l_M und dem Querschnitt F analog ist.
Der Druck im Außenraum, entsprechend der Meßstelle vor der Düse,
betrage über dem betrachteten Zeitraum p_M, die zugehörige Dichte ρ,
während im Innenraum zu Anfang der Druck p_0, später der Druck p
herrschen möge. Unter stationären Bedingungen werden Innen- und

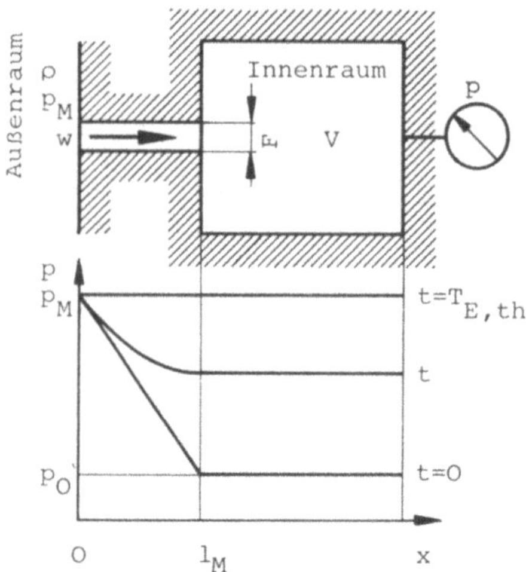

Bild 2.13: Druckausgleich durch konvektiven Stofftransport zwischen zwei Räumen unterschiedlichen Gasdrucks;

p aktueller Druck, p_O Anfangsdruck im Innenraum, p_M konstanter Druck im Außenraum, w mittlere Strömungsgeschwindigkeit im Verbindungskanal mit dem Querschnitt F, V Volumen des Innenraums, ρ Gasdichte im Außenraum, t Zeit.

Außendruck übereinstimmen, so daß sich im Verbindungskanal keine Strömung auszubilden vermag ($w = O$). Wird indessen plötzlich eine Planplatte lateral im Abstand $s > O$ in den Freistrahl der Düse gebracht, so springt der Außendruck auf einen Wert

$$p_M > p_O \; . \tag{2.9}$$

Infolge des Druckgefälles $p_M - p_O$ bildet sich nun eine Strömung in x-Richtung (Bild 2.13) mit der mittleren Geschwindigkeit w aus, die offenbar zeit- und ortsabhängig ist, so daß man

$$w = w\,(x,t) \tag{2.10}$$

schreiben kann. Über das totale Differential der Beziehung (2.10) gewinnt man die Beschleunigung

$$\frac{dw}{dt} = w\,\frac{\partial w}{\partial x} + \frac{\partial w}{\partial t} \; . \tag{2.11}$$

Reduziert auf eine Dimension lautet die Bewegungsgleichung nach NAVIER und STOKES

$$\frac{dw}{dt} = -\,\frac{1}{\rho}\,\frac{\partial p}{\partial x}^{\dagger} \; , \tag{2.12}$$

$^\dagger)$ In dieser Schreibweise wird Gl. (2.12) auch nach EULER benannt /41/.

wenn man Zähigkeitseinflüsse vernachlässigt /40/. Mit Gl. (2.11)
folgt aus Gl. (2.12) die Beziehung

$$w \frac{\partial w}{\partial x} + \frac{\partial w}{\partial t} = - \frac{1}{\rho} \frac{\partial p}{\partial x} \; , \qquad (2.13)$$

und mit der Annahme linearen Druck- und Geschwindigkeitsverlaufs
im Verbindungskanal darf man

$$\frac{\partial p}{\partial x} = \frac{p - p_M}{l_M} \qquad (2.14)$$

sowie

$$\frac{\partial w}{\partial x} = \frac{w}{l_M} \qquad (2.15)$$

schreiben, wenn im Innenraum Ruhezustand herrscht.

Die Zustandsgleichung für ideale Gase, die bei nicht zu hohem
Druck (unterhalb 10 bar) näherungsweise auch für reale Gase gilt,
lautet in ihrer extensiven Form /42/

$$pV = mR\vartheta \; , \qquad (2.16)$$

wo m die Gasmasse, R die spezielle Gaskonstante und ϑ die abso-
lute Temperatur bedeuten. Der Massenstrom im Querschnitt F ist

$$\dot{m} = \frac{dm}{dt} = \rho F w \; , \qquad (2.17)$$

woraus sich nach einfacher Ableitung

$$\frac{\partial w}{\partial t} = \frac{1}{\rho F} \frac{d^2 m}{dt^2} \; , \qquad (2.18)$$

ergibt. Die zweifache Differentiation der Gl. (2.16) liefert

$$\frac{d^2 m}{dt^2} = \frac{V}{\vartheta R} \frac{d^2 p}{dt^2} \; , \qquad (2.19)$$

womit man aus Gl. (2.18) die Beziehung

$$\frac{\partial w}{\partial t} = \frac{V}{\rho F \vartheta R} \frac{d^2 p}{dt^2} \qquad (2.20)$$

erhält. Mit den Gln. (2.14), (2.15) und (2.19) gewinnt man aus Gl.
(2.13)

$$\frac{w^2}{l_M} + \frac{V}{\rho F \vartheta R}\frac{d^2 p}{dt^2} = -\frac{1}{\rho}\frac{p - p_M}{l_M} \qquad (2.21)$$

und mit Gl. (2.16) folgt aus Gl. (2.17)

$$w = \frac{1}{\rho F}\frac{dm}{dt} = \frac{V}{\rho F \vartheta R}\frac{dp}{dt} \;. \qquad (2.22)$$

Mit Berücksichtigung von Gl. (2.22) erhält man aus Gl. (2.21) schließlich die Beziehung

$$\rho\,\frac{l_M F \vartheta R}{V}\frac{d^2 p}{dt^2} + \{\frac{dp}{dt}\}^2 + \frac{1}{\rho}\,\{\frac{\rho F \vartheta R}{V}\}^2 (p - p_M) = 0 \;. \qquad (2.23)$$

In der intensiven Schreibweise lautet Gl. (2.16) für den Außenraum

$$p_M = \rho R \vartheta \;. \qquad (2.24)$$

Damit läßt sich aus Gl. (2.23) die Dichte ρ eliminieren, so daß man

$$l_M p_M \frac{F}{V}\frac{d^2 p}{dt^2} + \left(\frac{dp}{dt}\right)^2 + R p_M \vartheta\,(p - p_M)\left(\frac{F}{V}\right)^2 = 0 \qquad (2.25)$$

schreiben kann. Faßt man die Konstanten gemäß

$$l_M p_M \frac{F}{V} = a_1 \qquad (2.26)$$

$$p_M R \vartheta \left(\frac{F}{V}\right)^2 = a_3 \qquad (2.27)$$

und

$$p_M^2 R \vartheta \left(\frac{F}{V}\right)^2 = a_3\,p_M = a_4 \qquad (2.28)$$

zusammen, und schreibt man

$$\frac{dp}{dt} = p' \qquad (2.29)$$

sowie

$$\frac{d^2 p}{dt^2} = p'' \;, \qquad (2.30)$$

so vereinfacht sich Gl. (2.25) zu

$$a_1 p'' + a_2 p'^2 + a_3 p = a_4 \qquad (2.31)$$

wenn $a_2 = 1$ gesetzt wird. Gl. (2.31) ist eine inhomogene, nicht-
lineare Differentialgleichung 2. Ordnung, für die eine exakte Lösung nicht gefunden wurde. Einen Ausweg bot das aus dem numerischen Integrationsverfahren nach RUNGE und KUTTA entwickelte
NYSTRÖM-Verfahren /43/. Die numerische Behandlung der Gl. (2.31)
ergab für verschiedene Volumina V und unterschiedliche Außendrücke
p_M die in Bild 2.14 wiedergegebenen Signalverläufe über der Zeit t.

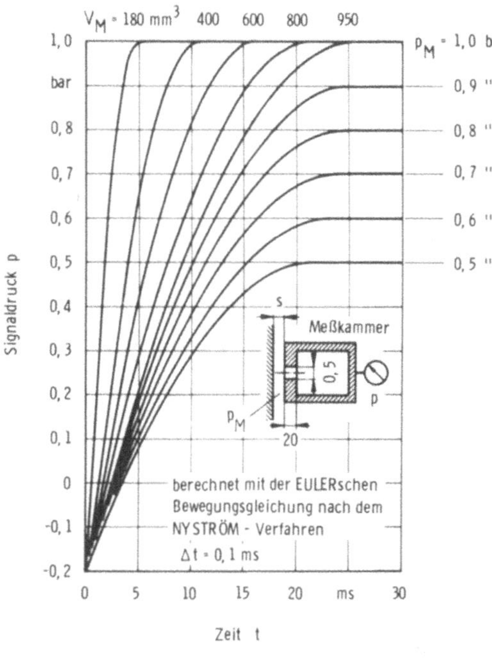

Bild 2.14: Signalverläufe beim Überfahren eines Rechteckprismas mit einer Mantelstrahldüse in Abhängigkeit vom Meßdruck p_M und vom Kammervolumen V_M (theoretisch).

Offenbar liegt die höchste Einstellzeit bei $T_{E,th}$ = 25 ms für den
Meßdruck p_M = 1,0 bar, dem nach Bild 2.8 eine Spaltweite s_M = 0,49
mm entspricht, und das Meßkammervolumen V_M = 950 mm³. Für den experimentell untersuchten Meßdruck p_M = 0,72 bar bei s_M = 0,7 mm
(Bild 2.12) liefert die Theorie die Einstellzeit $T_{E,th} \approx 22$ ms,
die deutlich unter dem gemessenen Wert T_E = 30 ms liegt. Die Differenz erklärt sich aus einigen vereinfachenden Annahmen, beispielsweise der Vernachlässigung von Form und Länge des Signalkanals, die
der Rechnung zugrundegelegt wurden, um den numerischen Aufwand in
Grenzen zu halten.
Aus Bild 2.14 wurden die Einstellzeiten für die verschiedenen Volumina bzw. Drücke gewonnen und in Bild 2.15 dargestellt. Hier gib
Diagramm a die Abhängigkeit der theoretischen Einstellzeit $T_{E,th}$

vom Meßdruck p_M, b vom Meßkammervolumen V_M wieder. Interessant ist, daß $T_{E,th}$ über dem gesamten Meßbereich nur um 1,55 ms differiert, so daß man mit hinreichender Sicherheit annehmen kann, der gemessene Wert T_E = 30 ms nach Bild 2.12 gelte für den ganzen Meßbereich. Während am Meßdruck p_M aus meßtechnischen Gründen keine Änderung vorgenommen werden kann, läßt sich eine Verringerung des Meßkammervolumens V_M durch konstruktive Maßnahmen vor allem dann realisieren, wenn miniaturisierte Druckwandler mit ausreichender Empfindlichkeit eingesetzt werden können. Tatsächlich läßt Bild 2.15 viel erwarten: Eine durchaus mögliche Verminderung des Kammervolumens auf V_M = 200 mm³ würde die Einstellzeit auf $T_{E,th} \approx 5$ ms, also um ungefähr 80 % verkürzen.

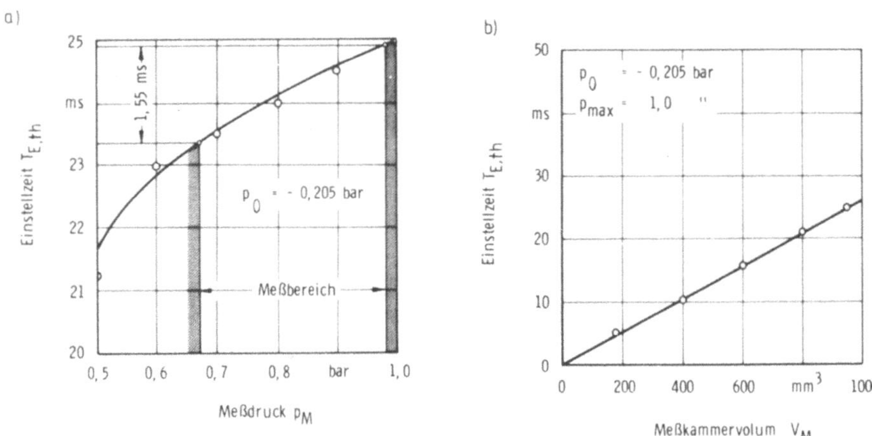

Bild 2.15: Abhängigkeit der Einstellzeit vom Meßdruck (a) und Kammervolumen (b) (theoretisch).

Aus Gründen der Funktionssicherheit wird zunächst jedoch von der experimentell ermittelten Einstellzeit T_E = 30 ms ausgegangen werden müssen. Welche Betriebsvorschriften sich aus diesem Wert ergeben, wird in 2.6 ausgeführt werden.

2.5.4 Thermisches Verhalten

Im Falle der in Bild 2.2 dargestellten Einbaukonfiguration ist zu vermuten, daß die Düse annähernd die Werkzeugtemperatur annimmt. Diese erreicht während des Zerspanungsprozesses im Bereich der Schneidplatten mehr als 120 °C, in unmittelbarer Nähe der

"Verschleißdüse" wurden im Versuchsbetrieb allerdings kaum mehr
als 60° gemessen. Infolge der Kühlwirkung des Luftstroms, aber
auch aufgrund des behinderten Wärmeübergangs zwischen Fräserkörper und Düsenmantel, muß die Düsentemperatur deutlich unter der
Temperatur des umgebenden Werkzeugkörpers liegen. Sie dürfte Werte
zwischen 50 und 55° annehmen. Da die Kennlinien pneumatischer
Längenaufnehmer mit steigender Eigentemperatur flacher verlaufen
/44/, ergibt sich unvermeidlich ein Temperaturgang, der für die
hier verwendete Mantelstrahldüse in Bild 2.16 aufgetragen ist.
Gegenüber den Verhältnissen bei Umgebungsbedingungen zeigt sich
mit steigender Düsentemperatur eine steile Zunahme der Signalabweichung, d.h. bei gleicher Spaltweite erhält man ein erhöhtes
Meßsignal: Der Schneidkantenversatz scheint beschleunigt fortzu-
schreiten. Die Erhöhung der Werkzeug- bzw. Düsentemperatur täuscht

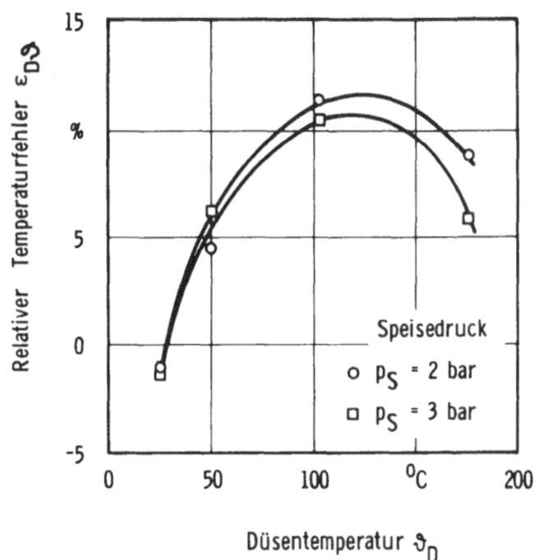

Bild 2.16: Temperatur-
gang der als Verschleiß-
sensor eingesetzten Man-
telstrahldüse.

also eine Zunahme des Schneidenverschleißes vor. Andererseits bewirken Wärmedehnungseffekte durch den Anstieg der Schneidentempe-
ratur eine Schneidenlängung, die negativen Verschleiß signalisie-
ren. Beide thermodynamischen Vorgänge haben demnach entgegengesetz-
te Wirkungen, die sich partiell aufheben.

Bild 2.16 entnimmt man für eine Düsentemperatur von 50 °C einen
Temperaturfehler um 5 %, bezogen auf den Meßbereich bei Umgebungsbedingungen, was ungefähr 12 µm Signalabweichung gegenüber der Nor-
malkennlinie entspricht. Vom Einfluß der Wärmedehnung auf Werkzeug
und Meßdüse wird noch im Abschnitt "Fehlerbetrachtung" (vgl. 2.8)
die Rede sein.

2.5.5 Einfluß der Oberflächenrauheit

Die spanende Bearbeitung mit Stirnfräsern liefert Oberflächen mit
Rauheitswerten im Bereich $0,6 \ \mu m \le R_a \le 12,5 \ \mu m$ /45,46/ [†]. Ein Rauheitseinfluß auf das Meßsignal pneumatischer Längenaufnehmer kann
also nicht von vorneherein ausgeschlossen werden. Jedoch konnte auf
eigene experimentelle Untersuchungen verzichtet werden, weil sich
im Schrifttum hinreichend konkrete Aussagen über diesen Problemkreis
finden /39,47/.

Die übliche Antastung einer Körperfläche mittels taktiler Längenaufnehmer berücksichtigt nicht deren Rauheitsstruktur: Die Bezugsfläche ist, mit guter Näherung, mit der Hüllfläche identisch. Somit
liefert die Antastung glatter und rauher Oberflächen praktisch gleiche Ergebnisse.

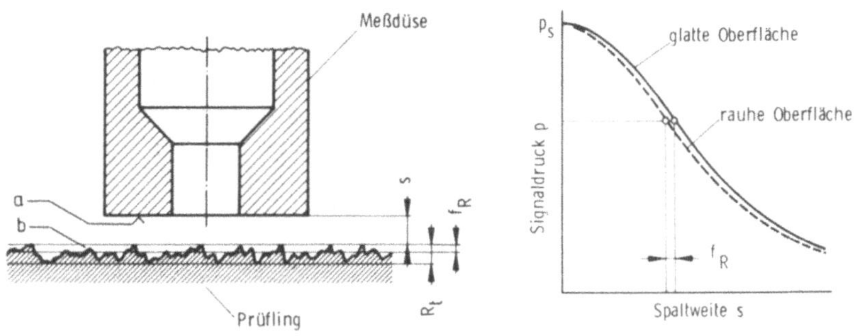

Bild 2.17: Einfluß der Oberflächenrauheit auf das Meßsignal berührungsfreier pneumatischer Längenaufnehmer;

R_t Rauhtiefe, f_R Bezugstiefe ("Rauheitsfehler"), p_S Speisedruck.

Berührungsfreie pneumatische Längenaufnehmer hingegen reagieren
auf die Rauheitsstruktur der angetasteten Oberflächen. Experimentelle Untersuchungen haben ergeben, daß sich ihre Kennlinien für
glatte und rauhe Oberflächen unterscheiden (Bild 2.17). Gegenüber der an einer glatten Oberfläche gewonnenen Kennlinie ist die
an einer rauhen Oberfläche aufgenommene Kennlinie um den Betrag f_R
parallel zur Abszisse verschoben. f_R heißt Bezugstiefe und gibt

---

[†] Mit R_a wird der arithmetische Mittenrauhwert nach DIN 4762 bezeichnet.

gleichsam den Meßfehler infolge des Rauheitseinflusses an. Die Bezugstiefe f_R ist von Form und Amplitude der Rauheitsformation, weniger vom Speisedruck und nur geringfügig von der Spaltweite abhängig /39/. Demnach bleibt die Empfindlichkeit des Systems bei unterschiedlicher Rauheit unverändert. Der Rauheitseinfluß entfällt vollständig bei Differenzmessungen an Oberflächen konstanter Rauhtiefe. Bezüglich des Zusammenhangs zwischen der Bezugstiefe f_R und der Glättungstiefe R_p nach DIN 4762 entnimmt man der Literatur Werte im Bereich $0{,}4\,R_p \leq f_R \leq 0{,}6\,R_p$ /39,47/. Für $R_p < 5\ \mu m$ liegt eine "hydraulisch glatte" Oberfläche vor, d.h. der pneumatische Längenaufnehmer reagiert wie auf eine ideal glatte Oberfläche, so daß $f_R = 0$ gilt. Alle diese Angaben gelten für Längenaufnehmer nach dem Rückstauprinzip /38/. Mantelstrahldüsen dürften sich deshalb ähnlich verhalten, weil das Meßsignal gleichfalls durch den abfließenden Luftstrom bestimmt wird. Eine Erhöhung des Abströmquerschnitts durch die Wirkung der Rauheitsformation vergrößert auch hier den Mengenstrom und führt damit, wie beim Rückstausensor, zur Absenkung des Drucksignals.

Beim Einsatz der Mantelstrahldüse als Verschleißsensor wird das Meßsignal zum Prozeßbeginn elektrisch genullt, so daß die Verschleißmessung in Differenz zum Nullsignal erfolgen kann. Geht man davon aus, daß die Rauheit der Werkstückoberfläche während des Bearbeitungsprozesses nur geringfügig variiert, so mißt der Sensor unabhängig von der Rauhtiefe. In Wirklichkeit aber werden sich infolge des Werkzeugverschleißes beträchtliche Rauheitsschwankungen ergeben. Dann ist mit Meßfehlern zu rechnen, die - bei Annahme einer Schwankungsbreite von $5\ \mu m \leq R_p \leq 11\ \mu m$ - beispielsweise $\pm 1{,}5\ \mu m$ betragen können, wenn bei bei $R_p = 8\ \mu m$ eingemessen wurde.

2.6 Aufbau und Funktionsweise

Der Verschleißsensor ist die funktionale Summe der Komponenten Mantelstrahldüse, Druckwandler und elektronische Signalverarbeitung. Zu seinem Betrieb bedarf es einiger peripherer Geräte und Vorrichtungen, wie beispielsweise geregelter Spannungs- und Druckluftquellen nebst zugehöriger Übertrager zwischen ruhendem und bewegtem Systemteil. Alle diese Elemente waren in zweckmäßiger Anordnung, entsprechend den geometrischen Gegebenheiten, den meßtechnischen und systemspezifischen Erfordernissen und mit Rücksicht auf leichte Montierbarkeit, mechanisch und elektrisch miteinander zu verbinden.

2.6.1 Konstruktiver Aufbau

Der Titel der vorliegenden Arbeit kündigt einen Bericht über die
Entwicklung zweier Sensoren an, nämlich des in diesem Kapitel behandelten Verschleißsensors und eines Sensors zur Kollisionsverhütung,
also zur Signalisierung der Werkstückannäherung an das Werkzeug,
wovon die letztere - aus Gründen einer möglichst geschlossenen Darstellung zusammengehöriger Sachverhalte - in einem eigenen, dem
folgenden Kapitel ausführlich besprochen werden wird. Da, wie in
der Einleitung ausgeführt wurde, beide Sensoren für verschiedene
Aufgaben innerhalb desselben Prozesses vorgesehen waren, sind par-
tielle Überschneidungen in der Darstellung unausweichlich. Tatsächlich verlief die Entwicklung der Sensoren überwiegend gleichzeitig.
Vor allem die Konstruktion hatte teilweise unterschiedlichen Forderungen gerecht zu werden und war daher von Anfang an für beide Sensoren gemeinsam auszuarbeiten. Deshalb bildet sie auch in diesem
Abschnitt eine Einheit und nimmt folglich Teile der Konstruktions-
beschreibung dem eigentlich "zuständigen" Kapitel vorweg.

Neben dem Wunsch nach möglichst einfacher Montierbarkeit der Bauteile bestand die Forderung, keinerlei bleibende Veränderungen an
der Maschine vorzunehmen, weil diese eine unerwünschte Abhängigkeit
der Sensoren von einer bestimmten Maschine zur Folge gehabt hätten.

Bild 2.8 zeigt die wesentlichen Merkmale der schließlich reali-
sierten Konstruktion. Sämtliche Leitungen der pneumatischen und elektrischen Versorgung bzw. Signalübertragung (a) sind durch eine gesondert angefertigte Spannstange (b) mit aufgebohrtem, konzentrischem
Längskanal mit 12 mm Durchmesser geführt. Die beiden Sensoren werden individuell mit Druckluft versorgt, um den jeweils optimalen
Speisedruck einstellen zu können. Die Übertragung von den ruhenden
Reglerstationen auf die rotierende Spannstange geschieht über eine
zweikanalige Dreheinführung (c) des Fabrikats Deublin, während alle
elektrischen Spannungen über einen fünfbahnigen Schleifringübertra-
ger (d) des Fabrikats Hottinger-Baldwin geleitet werden. Der obere
Verteilerkopf (e) koppelt die einzelnen Leitungen und Kanäle an ein
steckbares, gekapseltes Rohrsystem (f), das die aufgebohrte Spannstange durchläuft und in den unteren Verteilerkopf (g) mündet. Dieser ist im Aufsteckdorn (h) fixierbar und leitet Versorgungs- und
Signalleitungen zum Werkzeug (i), wo sich die wesentlichen Kompo-

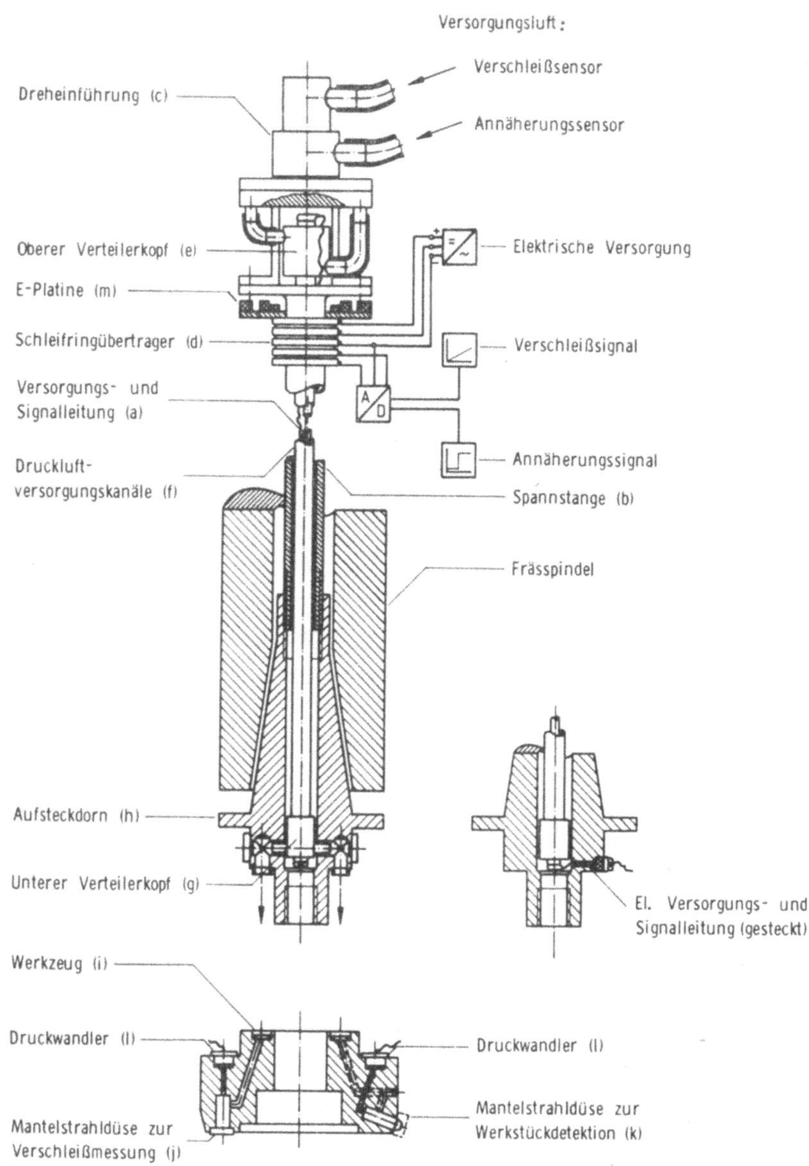

Bild 2.18: Konstruktiver Aufbau der gesamten Meß- und Signaleinrichtung; die Signalverarbeitung ist schematisch dargestellt.

nenten der Sensoren, Düsen (j,k) und Druckwandler (l), befinden. Oberhalb der Schleifringe (d) sitzt die mitrotierende E-Platine (m), die den Spitzenwertspeicher (vgl. 2.6.2), aber auch die Signalverarbeitung des Annäherungssensors aufnimmt. Aus Gründen eines ausreichenden Rundlaufs - die Spannstange ist an ihrem oberen Ende bekanntlich nicht zentrisch geführt - befindet sich in Höhe des oberen Verteilerkopfs ein Rillenkugellager, auf dem die beweglichen Teile der Aufbauten ruhen. Alle Bauteile der Meßeinrichtung sind steckbar bzw. schraubbar miteinander verbunden. Montage bzw. Demontage nehmen - bei ausreichender Übung - weniger als 60 Minuten in Anspruch. Als Vorzug dieser Lösung darf der Umstand gelten, daß zu ihrer Realisierung ausschließlich Änderungen an der Spannstange, am Aufsteckdorn und - zur Integration der Düsen und deren Versorgung bzw. zur Signalführung - am Werkzeug vorgenommen werden müssen. Alle Aufbauten werden durch vorhandene Schraubverbindungen am Spindelgehäusedeckel befestigt.

Zur Konstanthaltung des Speisedrucks wurden jeweils Feindruckregler des Typs Elliott 40-100 eingesetzt, wie sie auch für die Durchführung der grundsätzlichen Untersuchungen (vgl. 2.5) benutzt worden waren. Für die Signalwandlung unmittelbar hinter den einzelnen Düsen bewährten sich Druckwandler des Typs LX 1604 der Fa. National Semiconductor, die in IC-Schaltung ausgeführt und mit integrierten Signalverstärkern ausgerüstet sind. Bei einem Gesamtmeßbereich von ca. $\mp$ 1 bar liegt die Ausgangsspannung zwischen 2,5 und 12,5 V. Unter Umgebungsbedingungen und bei 15 V $\mp$ 1 % Versorgungsspannung beträgt der Linearitätsfehler $\mp$ 0,5 %.

Die als Längenaufnehmer für den Verschleißsensor dienende Mantelstrahldüse (vgl. Bild 2.7) ist axial angeordnet und beschreibt im Betrieb einen Bahnkreis von 102 mm Durchmesser. Druckluftversorgung und Signalleitung erfolgen durch besondere, ins Werkzeug eingearbeitete Kanäle. Als Dichtelemente werden überwiegend O-Ringe aus einem bis 200°C temperaturbeständigen Werkstoff verwendet. Die Gesamtlänge des Signalkanals beim Verschleißsensor beträgt ca. 55 mm, das Totvolum, einschließlich des Eigenvolums des Druckwandlers, ca. 915 mm³. Da sich das gesamte Werkzeug im Betrieb beträchtlich erwärmt - im Bereich der Schneidenhalterungen wurden Temperaturen von mehr als 120°C gemessen -, der Druckwandler nach Angaben des

Herstellers aber nur unterhalb einer Temperatur von 240°F (ca.
116°C) eingesetzt werden darf, ist dieser gegen Wärmeströme aus
dem Werkzeugkörper durch einen Schild aus Tetrafluoräthylen abge-
schirmt.

Bild 2.19 zeigt das Fräswerkzeug mit den eingebauten Sensorkomponenten von der Ober- (a) und Unterseite (b) aus gesehen. Beim
Werkzeug handelt es sich um einen Wendeplattenfräser des Typs
F 243 Walter mit einem Schneiddurchmesser von 125 mm. In der Drauf-
sicht ist einer der in den Wärmeschutzschild eingebetteten Druckwandler von National Semiconductor zu sehen.

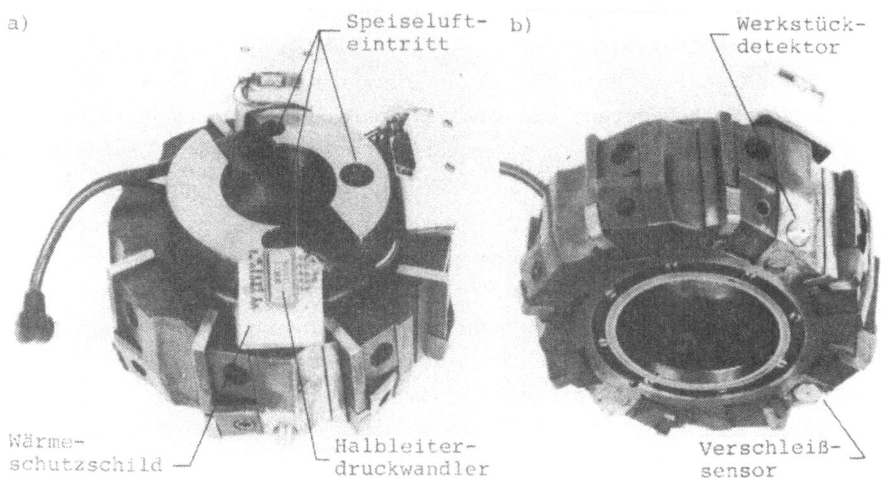

Bild 2.19: Das präparierte Fräswerkzeug mit den Sensorkomponenten
von der Ober- (a) und der Unterseite (b) gesehen.

2.6.2 Signalverarbeitung

Alle Bausteine der Signalverarbeitung befinden sich auf dem rotierenden Teil der Versuchseinrichtung, der in Bild 3.16 als E-
Platine bezeichneten Scheibe. Auf diese Weise kann ein möglicher
Störeinfluß des Schleifringübertragers während der Signalbildung
weitgehend ausgeschlossen werden. Das endgültige Verschleißsignal
jedoch nimmt Werte im Bereich mehrerer Volt an, so daß kleinere
stochastische Schwankungen des Übergangswiderstands zwischen
Schleifringbahn und Bürstenkamm vernachlässigt werden dürfen.

Gemäß Bild 2.8 bewegt sich der Signaldruck der verwendeten Mantelstrahldüse innerhalb des vorgegebenen Meßbereichs 500 µm $\leq$ MB $\leq$ 750 µm zwischen 0,666 und 0,977 bar. Diesen Werten entsprechen elektrische Spannungen zwischen 10,812 und 12,349 V am Signalausgang des Druckwandlers (vgl. 2.8.4). Würde man diese Werte direkt zur Auswertung bringen, wäre die erzielte Auflösung in Anbetracht der wesentlich geringeren Signaldifferenz von 1,537 V bescheiden. Deshalb ist die Signalverarbeitung mit zwei Potentiometern ausgestattet, die eine Offsetspannung bis zu 10 V liefern. Auf diese Weise läßt sich eine fünffach höhere Auflösung erzielen.

Aufgrund der Meßanordnung ergibt sich bei der Verschleißmessung während des Fräsprozesses kein kontinuierliches Signal, wie das für eine zeitlich uneingeschränkte Signalabfrage notwendig wäre. Offenbar entspricht aber gerade das Maximum im Signalverlauf nach Bild 2.4 dem Verschleißsignal, da ja die Meßdüse auf ihrem Weg über dem gerade bearbeiteten Werkstück ihren minimalen Abstand und damit die geringstmögliche Spaltweite erreicht. Dieser entspricht aber nach Bild 2.7 bzw. Bild 2.8 der größtmögliche Signaldruck. Damit genügt ein Spitzenwertspeicher, um das instationäre Signal in ein stationäres zu verwandeln. Dieser besteht, in der Eingangsstufe, aus einem Impedanzwandler mit einer doppelten Filterstufe (gleichartige RC-Glieder) zur Rauschunterdrückung für die obere Grenzfrequenz von 50 Hz. Der eigentliche Speicher enthält einen Kondensator mit einer Kapazität von 5 µFarad und einen Entladewiderstand von 10 MΩ. Ein Komparator vergleicht kontinuierlich Eingangs- und gespeicherte Spannung. Ist die erste von größerem Betrag als die zweite, so wird der Speicher auf den neuen Wert aufgeladen. Da die Ladefrequenz, bedingt durch die Meßanordnung, im gewöhnlichen Betrieb zwischen 10 und 20 Hz liegt (Signalfolge), ist eine ausgeprägte Tendenz zu rascher Selbstentladung des Speichers durchaus erwünscht. Denn auch eine Längung der Werkzeugschneiden, beispielsweise infolge von Temperatureffekten oder durch die Ausbildung von Aufbauschneiden, soll ja angezeigt werden können.

Von seiten des ACO-Regelsystems indessen war nicht die Ausgabe eines Abstandssignals, sondern der Verschleißmarkenbreite VB_{NF} an der Nebenschneidenfase bzw. des zugehörigen Schneidkantenversatzes SKV_N (vgl. Gl. (2.1)) gefordert. Mit der Verwendung eines Prozeßrechners /3/ bot sich die Möglichkeit, die Linearitätsabweichung der Sensorkennlinie nach Bild 2.8 numerisch zu korrigieren. Die hierzu entwickelte,empirische Formel lautet

$$SKV_N = a_1 (s_1 - s_2) \left[e^{a_2 \left(\frac{U - U_2}{U_1 - U_2} \right)} - 1 \right] \qquad (2.32)$$

wo die Konstanten die Werte $a_1 = 1,793$ und $a_2 = -0,816$ haben. U bedeutet den Meßwert am Ausgang des Spitzenwertspeichers, $U_1 = U (s_1)$ bzw. $U_2 = U (s_2)$ sind die entsprechenden Signalspannungen an den beiden Grenzen des Meßbereichs. Sie betragen $U_2 = U (750 \ \mu m) = 10,812 \ V$ bzw. $U_1 = U (500 \ \mu m) = 12,364 \ V$. Da die Signalspannungen in Gl. (2.32) ausschließlich als Differenzen enthalten sind, hat die Benutzung der erwähnten Offsetschaltung keinerlei Einfluß auf das Meßergebnis, weil sich die konstanten Spannungswerte um denselben Betrag wie die Signalspannung ändern. Im allgemeinen wird man für den Abstand $s_2 = 750 \ \mu m$ die Spannung $U_2 = 0$ einstellen und die Differenz $U_1 - U_2 = 1,537 \ V$ als Festwert in den Rechner eingeben. Auf diese Weise gelingt die Eliminierung des Linearitätsfehlers praktisch vollständig.

Parallel zum CAMAC-Interface /3/ ist ein Analogausgang geschaltet, der zu einem einfachen Drehspulmeßwerk führt, das mit einer nichtlinearen Skalenteilung gemäß Gl. (2.32) ausgestattet ist. Dem Beobachter ist damit das unmittelbare Ablesen des Verschleißsignals möglich.

2.6.3 Arbeitsweise

Der pneumatische Verschleißsensor arbeitet nach dem in 2.2.1 beschriebenen, direkten Meßverfahren. Er stellt einen berührungsfreien Längenaufnehmer dar, der, integriert im Werkzeug, die Änderung des axialen Abstands zwischen Werkzeug und bearbeiteter Werkstückoberfläche während des Bearbeitungsprozesses mißt. Auf diese Weise ist es möglich, den mit dem Verschleiß der Werkzeugschneiden einhergehenden Versatz der Nebenschneidkanten gleichsam kontinuierlich zu messen. Voraussetzung hierfür ist jedoch, daß sich die Meßdüse während jeder Werkzeugumdrehung hinreichend lange in Meßposition, d.h. über der bearbeiteten Werkstückoberfläche, befindet, so daß sich das Verschleißsignal - das ist der in Bild 2.4 dargestellte Maximaldruck p_M - einstellen kann.

Nach Bild 2.12 verlaufen der Signalanstieg und der Signalabfall zeitlich völlig kongruent, so daß $T_D = T_E$ gilt. Daraus ist zu schließen, daß ein iterativer Signalanstieg auf die Höhe des Verschleißsignals immer dann eintritt, wenn die Antastphase länger als die Leerphase des Sensors ist, so daß in Bild 2.4 $\varphi_a > \varphi_d$ gilt. In diesem Falle ergibt sich der in Bild 2.20 qualitativ dargestellte te Signalverlauf. Das Signal klettert, gleichsam aufbauend auf der jeweils vorhergehenden Signalhöhe, zyklisch auf das Verschleißsignal p_M, wenn $T_a > T_d$ gilt. Allerdings wächst hier die Einstellzeit T_E stark an.

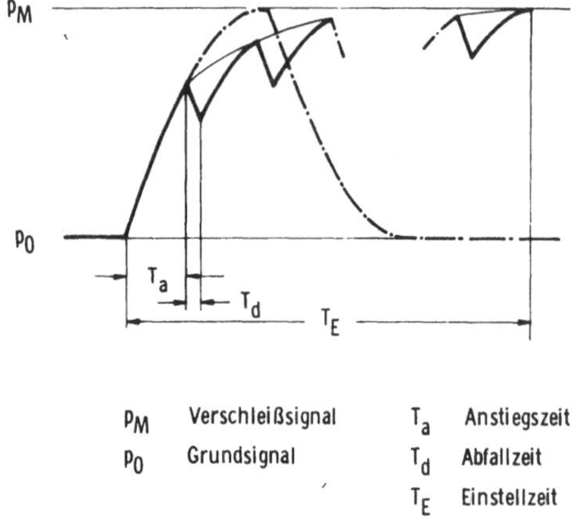

Bild 2.20: Iterativer Signalanstieg einer Mantelstrahldüse beim Fräsen mit teilweiser Überdeckung;

$T_a > T_d$ ist die notwendige Bedingung für den Signalanstieg auf Höhe des tatsächlichen Verschleißsignals.

Bild 2.21 veranschaulicht den Zusammenhang zwischen der erforderlichen Mindestüberdeckung (a) bzw. der Mindestbreite eines Werkstückstegs (b) und der Schnittgeschwindigkeit. Die Kurven wurden aus empirisch formulierten Funktionen für den Signalanstieg bzw. -abfall, mit Berücksichtigung des in Bild 2.20 wiedergegebenen Verlaufs, berechnet. Sie markieren jeweils die Grenzlinie zwischen erlaubtem und verbotenem Bereich, wobei der letztere offenbar unterhalb der Kurven liegt. Der Fall b in Bild 2.21 ist als besonders kritisch aufzufassen, weil hier die Meßphasen, während der sich die Meßdüse über der bearbeiteten Werkstückoberfläche bewegt, im Vergleich zum Fall a besonders kurz sind. Liegt der Steg indessen nicht symmetrisch zur Werkzeugachse, so nimmt die verfügbare Meßzeit zu, so daß sich günstigere Antastverhältnisse ergeben. Der Fall b stellt

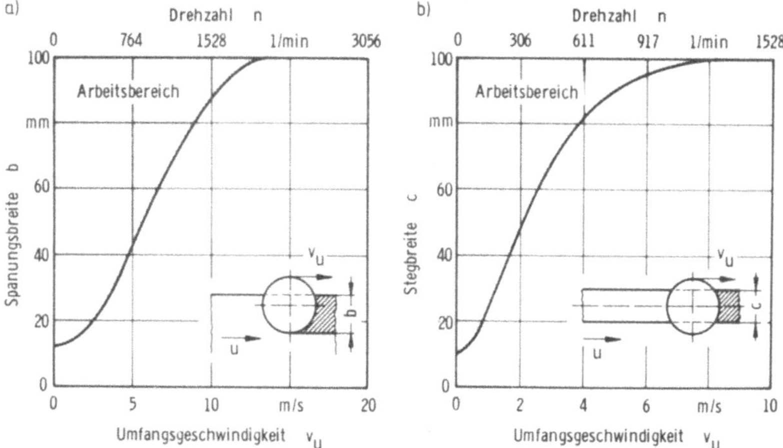

Bild 2.21: Erlaubte und verbotene Arbeitsbereiche des Verschleißsensors bei unterschiedlichen Prozeßbedingungen;

a) erforderliche Mindestüberdeckung; b) minimale Stegbreite des
   Werkstücks

demnach den ungünstigsten aller Antastkonfigurationen dar. Gerade
beim Stirnfräsen aber kommen häufig vergleichsweise schmale Stege
vor - man denke nur an Motoren- und Getriebegehäuse -, so daß der
Einsatz des vorliegenden Verschleißsensors zu beträchtlichen Einschränkungen in Bezug auf die zulässige Schnittgeschwindigkeit führen kann. Der Verringerung der Einstellzeit der Meßdüse kommt daher
entscheidende Bedeutung zu. Die Diagramme in Bild 2.21 gelten im übrigen für den eingesetzten Wendeplattenfräser des Typs Walter F 243
mit einem Schneiddurchmesser D = 125 mm.

Zu Beginn jedes Einsatzes ist zunächst der vorgeschriebene Speisedruck einzustellen, nachdem alle elektrischen Bausteine des Systems, die etwa eine halbe Stunde zuvor unter Spannung gesetzt wurden, abgeglichen worden sind. Der Speisedruck wird unmittelbar vor
der Meßdüse an einer an der Außenseite des Aufsteckdorns zugäng-
lichen Staudruckmeßstelle im Zustand des ungestörten Freistrahls
für $s \rightarrow \infty$ abgenommen und mit einem mechanischen Präzisionsmanometer

gemessen. Die Einstellung muß $p_S = 3,5 \mp 0,015$ bar über Umgebungsdruck ergeben, um zu gewährleisten, daß der resultierende Meßfehler
∓ 4 μm nicht übersteigt. Bei jedem Schneidenwechsel - hierbei müssen
die einzelnen Nebenschneidkanten auf einen Abstand von $s_{max} = 750 \mp 2$
μm von der Düsenstirnfläche eingestellt werden - wird elektrisch genullt, so daß am Systemausgang ein Schneidkantenversatz $SKV_N = 0$ an-
steht.

Der tatsächliche Abstand s_{eff} zwischen Düsenstirnfläche und der
von den Nebenschneidkanten aufgespannten Fräsebene ist mit Hilfe
einer einfachen Meßvorrichtung nachprüfbar. Diese besteht aus einer
fein geschliffenen Planplatte aus gehärtetem Stahl, die gleichsam die
bearbeitete Werkstückoberfläche darstellt (Bild 2.22). Sie ist, ver-
tikal verschiebbar, auf einen auf dem Maschinentisch ruhenden Ständer
aufgesetzt und wird durch eine Schraubenfeder gegen die Schneidplatten gedrückt. Eine durch die Andrückplatte ragende Meßuhr erlaubt
die direkte Antastung der Düsenstirnfläche und damit die zuverlässi-
ge Messung des Schneidkantenversatzes. Die Vorrichtung wird durch
Planauflage auf eine hochwertige Hartgesteinsmeßplatte genullt.

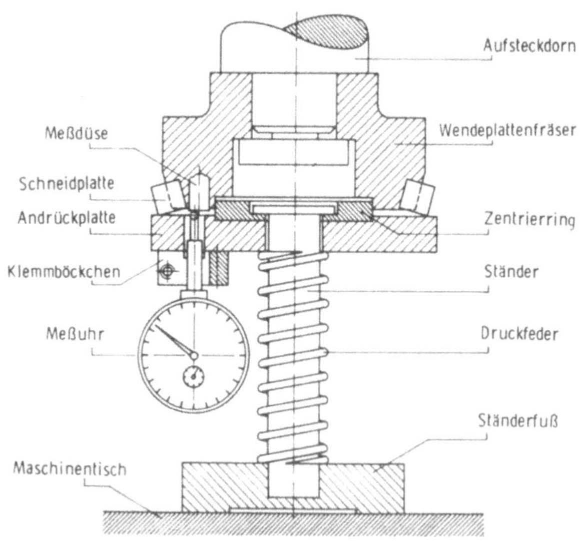

Bild 2.22: Mechanische Meßvorrichtung zur Überprüfung des Sensor-signals.

Der elektrische Nullabgleich des Systems sollte zweckmäßigerweise
erst dann vorgenommen werden, wenn hinreichend stationäre thermische
Bedingungen herrschen, die im Werkzeugbereich schon nach wenigen Pro-
zeßminuten erreicht sind. Auf diese Weise können Meßfehler infolge
thermischer Längenausdehnung vermindert werden.

Zur Lenkung des eingangs erwähnten ACO-Prozesses (vgl. Einleitung
zu Kap. 2) wurde das Verschleißsignal über das CAMAC-Interface in
den Prozeßrechner übernommen und dort gemäß Gl. 2.9 (vgl. 2.6.2)
transformiert. Als Führungsgröße indessen diente seine Ableitung
nach der Zeit, also die Verschleißgeschwindigkeit.

2.7 Betriebsverhalten

In der vorstehend beschriebenen Bauform wurde der Verschleißsensor ungefähr 50 h im praktischen Fräsbetrieb erprobt. Dabei wurden
überwiegend der Werkstoff C 60, z.T. in Form durchgehärteter Blöcke,
zuletzt auch besonders "werkzeugtötende" Gußlegierungen bearbeitet.
Dadurch sollte eine möglichst hohe Verschleißgeschwindigkeit an den
Nebenschneiden erreicht werden. Das Werkzeug war in allen Fällen
mit Hartmetallwendeschneidplatten des Typs P 25 ausgerüstet. Um
den Werkstoffverbrauch in Grenzen zu halten, wurde die Zerspanungs-
leistung allerdings eingeschränkt. Die Überdeckung betrug überwiegend ca. 65 %, entsprechend 80 mm, seltener 100 %, entsprechend
125 mm. Für die Schnittiefe wurden Werte zwischen 1 und 2 mm, für
die Schnittgeschwindigkeit 50 bis 100 m/min gewählt. Die Vorschubgeschwindigkeit lag zwischen 15 und 100 mm/min, so daß sich für den
Vorschub je Zahn Werte zwischen 8 und 100 µm ergaben. Auf diese
Weise konnten Auskolkungen und übermäßiger Verschleiß der Haupt-
schneiden, die ja meßtechnisch uninteressant waren, weitgehend
vermieden werden.

2.7.1 Erfahrungen aus dem Versuchsbetrieb

In der Phase des Werkzeugeinlaufs in das Werkstück steigt das
Signal des Verschleißsensors, im folgenden kurz Verschleißsignal
genannt, von einem undefinierten Wert (vgl. Bild 2.4) rasch auf
das gemäß der Kennlinie nach Bild 2.8 richtige Niveau an, wenn die
Meßdüse die nach Maßgabe von Bild 2.21 erforderliche Verweilzeit
über der bearbeiteten Werkstückoberfläche erreicht hat. Das Ende
dieses vergleichsweise steilen Anstiegs schließt die Einlaufphase
ab, das Ausgangssignal am Ende der Signalverarbeitung wird jetzt zu
Null gesetzt, wenn dem Prozeß ein Schneidenwechsel oder eine Schnei-
denwende vorangegangen ist. Von diesem Zeitpunkt an verläuft das
Verschleißsignal über der Zeit sehr flach, gewöhnlich und erwartungs-
gemäß leicht ansteigend. Bild 2.23 gibt einen Eindruck vom Signalverlauf, der eine stetige Verschleißzunahme erkennen läßt. Es fällt

auf, daß die Signalkurve eine Modulation aufweist,deren Frequenz mit
der Drehfrequenz der Frässpindel übereinstimmt. Ihre Amplitude entspricht einer Meßunsicherheit von ca. 3 µm. Sie ist offenbar Folge
einer Neigung der Bahnebene der Meßdüse in Bezug auf die bearbeitete Werkstückoberfläche. Ob sie das Ergebnis einer erwünschten oder
unerwünschten Anstellung des Maschinentisches zur Spindelachse oder
eine Auswirkung einer möglicherweise durch Zerspanungskräfte herbei-
geführten Formänderung der Frässpindel ist, konnte nicht entschieden
werden. Es ist jedoch zu erwarten, daß eine Verbesserung des Spitzenwertspeichers eine erhebliche Glättung des Signals zur Folge haben
wird.

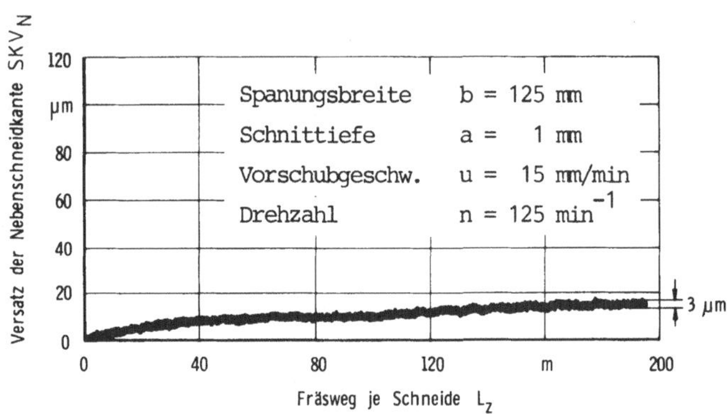

Bild 2.23: Verlauf des Verschleißsignals beim Bearbeiten eines
durchgehärteten C-60-Blocks mit voller Werkzeugüberdeckung.

In der Auslaufphase setzt ein starker Signalanstieg ein, der in
ein Maximum mündet und schließlich in einen raschen Signalabfall
übergeht. Dieser entspricht dem Anstieg in der Einlaufphase und
hängt mit der periodisch wiederkehrenden "Verweilzeit" der Meßdüse
über der bearbeiteten Werkstückoberfläche zusammen. Der Anstieg beim
Auslaufbeginn indessen hat eine Verringerung des Abstands zwischen
Meßdüse und Werkstück als Ursache. Sie kann im Normalbetrieb in
diesem Ausmaß natürlich nicht das Ergebnis einer Schneidenverkür-
zung sein. Vielmehr ist zu vermuten, daß die beim Auslauf sich nach
Betrag und Richtung ändernden Schnittkräfte das elastische System
Werkzeug, Frässpindel und Spindellager beeinflussen. Es ist beispielsweise denkbar, daß die kraftabhängige Durchbiegung der Fräs-

spindel, die eine Schräglage des Werkzeugs bewirkt, im Auslauf nachläßt. Mit der dann eintretenden Geradestellung des Werkzeugs stellt sich gleichzeitig die im Signal abgebildete Abstandsverringerung zwischen Meßdüse und Werkstück ein.

Schon mit der vergleichsweise geringen Belastung, der Werkzeug und Maschine im Laufe der praktischen Fräsversuche ausgesetzt waren, ergaben sich beträchtliche Signalabweichungen infolge der zerspankraftabhängigen Lageänderung des Werkzeugs. Gemessen wurden Signaländerungen um - 8 μm, was einer Zunahme der Werkzeugneigung um ca. 2,5 Winkelminuten gleichkommt.

Damit ist der oben geäußerte Verdacht erhärtet, daß die Amplitudenmodulation in Bild 2.23 im wesentlichen auf die Wirkungen von Zerspanungskräften zurückzuführen ist. Gleichzeitig ergibt sich die Forderung nach größtmöglicher Steifheit von Werkzeug und Frässpindel sowie deren Lagerung. Die Qualität der Maschine bildet sich durchaus auch im Ergebnis der Verschleißmessung nach dem hier vorgestellten Verfahren ab. Immerhin bieten sich wirksame Möglichkeiten zur Beherrschung dieser Einflüsse (vgl. 2.9).

2.7.2 Betriebs- und Leistungsdaten

Im folgenden werden die zum Betrieb des Verschleißsensors erforderlichen Betriebs- und Leistungsdaten in einem Überblick zusammengestellt. Alle angegebenen Werte beziehen sich ausschließlich auf das in der vorliegenden Arbeit vorgestellte Meßsystem. Es ist davon auszugehen, daß jede Modifikation an einer Komponente des Systems eine mehr oder weniger erhebliche Änderung der Werte nach sich zieht.

Speisedruck	p_S	$= 3,5^{\mp 0,015}$ bar	über Umgebungsdruck
Elektrische Versorgung	U_S	$= 15^{\mp 0,01}$ V (=)	
Luftbedarf	$\dot{V}$	= 2,8 m³/h	bez. auf Normzustand
Arbeitspunkt	s_A	= 625 μm	
Meßbereich	MB	= 250 μm	
Linearitätsabweichung	f_L	= -9/+12 μm	jeweils maximal
Rel. Linearitätsabw.	ε_L	= -3,6/+4,8 %	bez. auf den Meßbereich
Signaleinstellzeit	T_E	= 30 ms	

Zulässige Höchstdrehzahl $n_{max} = 1800$ min^{-1}

Signalspannung $O \leqq U \leqq 1,6$ V

Gesamtmeßunsicherheit $f_g = \overline{+}27,6$ μm maximal

Rel. Gesamtmeßunsicherh. $\varepsilon_g = \overline{+}11$ % maximal

Wahrscheinlicher
Gesamtfehler $f_{gw} = \overline{+}15,3$ μm

Rel. wahrscheinlicher
Gesamtfehler $\varepsilon_{gw} = \overline{+}6,1$ % bez. auf den Meßbereich

2.8 Fehlerbetrachtung

Die dem Meßverfahren innewohnenden Fehlerquellen sind in den vorangegangenen Abschnitten angesprochen, einzelne Fehler bereits quantifiziert worden. Im folgenden sollen die Einzeleinflüsse besonders auf die Komponenten des Meßsystems näher betrachtet werden, um schließlich eine Aussage über den Gesamtfehler treffen zu können.

2.8.1 Einfluß des Werkzeugs

Im Bearbeitungsprozeß erleidet das Werkzeug unter der Wirkung mechanischer und thermischer Einflüsse geometrische Änderungen, die das Meßsignal beeinflussen können. Neben dem Versatz der Nebenschneidkanten, der ja die Meßgröße darstellt und deshalb hier außer acht gelassen wird, gehören hierzu Lage- und Temperaturänderungen am Werkzeug, soweit letztere dessen Geometrie beeinflussen.

Zerspanungskräfte bewirken elastische Verformungen an Werkzeug und Maschine, von denen im Versuchsbetrieb besonders die Durchbiegung der Frässpindel aufgefallen ist. Die daraus resultierende Schräglage des Werkzeugs hat zur Folge, daß sich der Abstand zwischen Düse und Werkstückoberfläche vergrößert, was zu einer Signalabsenkung führt. In Bild 2.24 ist die Abstandsänderung infolge der Schräglage des Werkzeugs dargestellt. Sie ist offensichtlich von der Größe der Zerspankräfte, aber ebenso von der Spindel- und Maschinensteifheit abhängig. Daher gelten die folgenden Angaben ausschließlich für die zur Durchführung der Fräsversuche verwendete Maschine (Hüller FS-10).

Läßt man den Fehler 2. Ordnung, bedingt durch die Schräglage der Meßdüse, außer acht - im Falle der in 2.7.1 angegebenen Neigung um

2,5' und einem Meßabstand von 750 µm beträgt dieser ca. 0,2 nm -,
so beläuft sich der ermittelte Meßfehler durch die Werkzeugneigung
auf $f_{W\delta} = \pm 8$ µm.

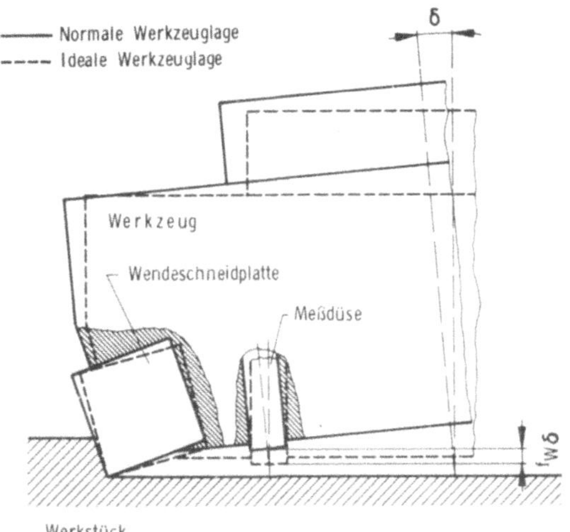

Bild 2.24: Meßfehler durch die Änderung des Abstands zwischen Meßdüse und Werkstückoberfläche infolge unzulässiger Werkzeugneigung.

Die Erwärmung des Werkzeugs durch die im Prozeß freigesetzte
Wärmeenergie führt zu geometrischen Änderungen durch Wärmedehnungseffekte. Die folgende Abschätzung möge die Vorgänge näher beleuch-
ten. An einem Wendeplattenstirnfräser ragen die Schneiden um die
Länge s_S über die dem Werkstück zugewandte Unterseite des Fräser-
körpers hinaus (Bild 2.25). In diesem Bereich können örtlich Temperaturen um 600 °C und mehr auftreten /48/. Die Lage des Arbeits-
punktes der eingesetzten Meßdüse bringt es mit sich, daß diese um
die Länge s_D aus dem Fräserkörper hervorragt. Für beide Längen gelten die Abhängigkeiten

$$s_S = s_S (\vartheta_S) \qquad\qquad (2.33)$$

und

$$s_D = s_D (\vartheta_D) \, , \qquad\qquad (2.34)$$

wo ϑ_S bzw. ϑ_D jeweils mittlere Temperaturen der Schneiden bzw. der
Düse bedeuten. Geht man davon aus, daß das Werkzeug in den Zonen
unmittelbaren Kontakts mit den Schneidplatten deren Temperatur annimmt, und daß ferner sich die Düsentemperatur näherungsweise auf

dem Niveau der Werkzeugtemperatur befindet, so genügt es, zur Abschätzung des Meßfehlers nur die über den Fräserkörper hinausragen-
den Bereiche von Düse und Schneidplatten zu betrachten. Denn nur die
aufgrund der Wärmedehnung erfolgende Relativbewegung zwischen Düsenstirnfläche und Nebenschneidkante ist relevant.

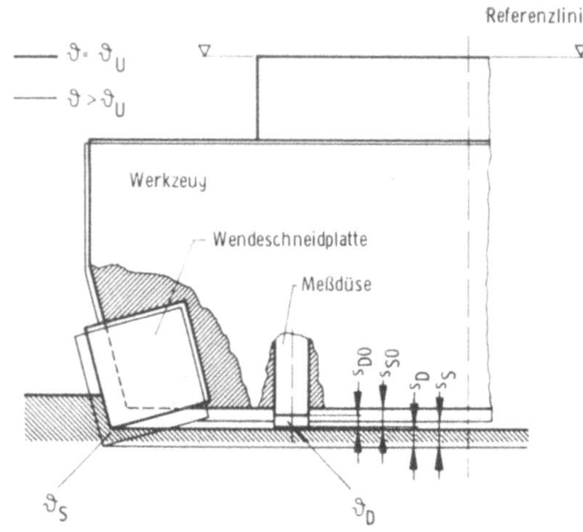

Bild 2.25: Meßfehler infolge thermischer Längenausdehnungen an Werkzeug und Meßdüse.

Für die Berechnung der Wärmedehnung gilt allgemein die Beziehung

$$s = s_0 \, [1 + \beta \, (\vartheta - \vartheta_0)] \, , \qquad (2.35)$$

wenn s_0 die Ausgangslänge bei der Temperatur ϑ_0, s die aktuelle Länge bei der Temperatur ϑ und β den linearen Wärmeausdehnungskoeffi-
zienten bedeuten. Die Mantelstrahldüse besteht aus dem Werkstoff
115-Cr-V3, dessen Wärmeausdehnungskoeffizient $\beta_D = 18 \cdot 10^{-6}$ 1/grd
ist. Für die Schneidplatten aus Hartmetall der Anwendungsgruppe
P-25 beträgt $\beta_S = 6 \cdot 10^{-6}$ 1/grd /49/. Setzt man $\vartheta_S = 600$ °C und
$\vartheta_D = 50$ °C, so ergeben sich mit $s_{SO} = 2,0$ mm und $s_{DO} = 1,25$ mm sowie
den o.g. Werten für die Ausdehnungskoeffizienten die Längenände-
rungen

$$\Delta s_S = s_S - s_{SO} = 7,0 \ \mu m$$

und

$$\Delta s_D = s_D - s_{DO} = 1,5 \ \mu m \ .$$

Die Differenz beider Werte führt zu dem Meßfehler

$$f_{W\vartheta} = \Delta s_S - \Delta s_D = + 5,5 \ \mu m \ ,$$

der ein positives Vorzeichen trägt, weil er eine Abstandsvergrö-
ßerung zur Ursache hat. Demnach bewirken kinetische und thermische
Effekte am Werkzeug einen Meßfehler von

$$f_W = f_{W\delta} + f_{W\vartheta} = + 13,5 \ \mu m \ . \qquad (2.36)$$

Wird das Meßsystem allerdings im Betrieb elektronisch "genullt",
nachdem ausreichend stationäre thermische und mechanische Bedingungen herrschen, dürfte f_W ein entscheidend geringeres Ausmaß annehmen.

2.8.2 Einfluß des Druckreglers

Das pneumatische Meßsystem wird, ausgehend vom vorhandenen Druckluftnetz, über ein Hochleistungsfilter und einen Feindruckregler
des Typs ELLIOTT 40-50 mit Druckluft versorgt. Dieser besitzt folgende Regeleigenschaften.

Zwischen der je Zeiteinheit durch den Regler strömenden Luftmenge,
kurz Durchfluß genannt, und dem am Ausgang anstehenden Speisedruck
besteht eine Abhängigkeit. Beim hier benutzten Reglertyp fällt der
Speisedruck bei einem Einstellwert von 1,75 bar um 0,5 mbar je m³/h
Normdurchfluß nahezu linear ab. Das bedeutet, daß über dem Meßbereich
der Mantelstrahldüse, wo der Durchfluß zwischen 1,8 und 2,8 m³/h
schwankt, eine ähnlich geringe Speisedruckänderung auftreten muß. Sie
sollte auch bei einem Speisedruck von 3,5 bar nicht mehr als 1 mbar
betragen. Mit der in 2.5.2 angegebenen Empfindlichkeit von 1,25 bar/
mm würde dieser Wert einem Meßfehler von $f_{SV} = 0,8 \ \mu m$ entsprechen,
auf den Arbeitspunkt bezogen also $f_{SV} = \pm 0,4 \ \mu m$. Dieser systematische
Fehler ist jedoch auch in der Kennlinie (Bild 3.8) enthalten, die ja
mit demselben Druckregler aufgenommen worden ist, so daß er im Gesamtfehler nicht berücksichtigt zu werden braucht.

Eine echte Fehlerquelle stellt das Reglerverhalten bei Schwankungen des Netzdrucks dar. Für eine Erhöhung des Zuluftdrucks um 1,75
bar gibt der Hersteller einen Speisedruckanstieg am Ausgang um 6,4
mbar an. Da dieser Wert für den Durchfluß $\dot{V} = 0$ gilt, stellt er ein
Maximum dar; im Normalbetrieb ist er geringer. Nach 2.5.2 entspräche
er immerhin einem Meßfehler von 5,1 μm. Nun sind Druckschwankungen

in dieser Höhe in einem richtig ausgelegten und gut gewarteten Druckluftnetz kaum denkbar. Geht man von einer Schwankungsbreite des Netzdrucks von ±0,5 bar aus, so belaufen sich die resultierenden Schwankungen des Speisedrucks am Ausgang auf ±1,8 mbar, lineare Verhältnisse vorausgesetzt. Dem entspricht ein Meßfehler von maximal $f_{S0} =$
±1,4 µm. Infolge zufälliger Schwankungen des Netzdrucks ist demnach
mit einer Meßunsicherheit von

$$|f_S| = |f_{SV}| + |f_{SO}| \approx |f_{SO}| \approx \overline{+}\, 1,4 \ \mu m \qquad (2.37)$$

zu rechnen.

2.8.3 Einfluß der Meßdüse

Die der Mantelstrahldüse innewohnenden Fehlerquellen sind bereits
im Abschnitt 2.5 ausführlich behandelt und, soweit bekannt, zahlen-
mäßig angegeben worden. Es handelte sich im wesentlichen um Linearitätsabweichung, Rauschamplitude, Beeinflussung des Meßsignals durch
Trägheitskräfte und Relativströmung, Temperaturgang und Oberflächenrauheit des Werkstücks. Letzteres bildet ja, im Sinne des Systems
Düse/Prallplatte, das Meßsystem und gehört daher durchaus in diesen
Abschnitt.

Die L i n e a r i t ä t s a b w e i c h u n g liegt nach Bild
2.8 zwischen den Extrema -9 µm $\leq f_{DL} \leq$ 12 µm innerhalb des Meßbe-
reichs 500 µm $\overset{\wedge}{=}$ s $\overset{\wedge}{=}$ 750 µm. Dies ergibt, auf den Meßbereich MB =
250 µm bezogen, den systematischen Meßfehler $|\varepsilon_{DL}|$ = 4,8 %.

Das S i g n a l r a u s c h e n hat den Charakter eines zu-
fälligen Fehlers und bedingt eine Meßunsicherheit von $f_{DT} = \overline{+}\, 2,3$ µm,
maximal.

Der E i n f l u ß v o n T r ä g h e i t s k r ä f t e n infolge der Zentripetalbeschleunigung bleibt wegen der axial gerichte-
ten Anordnung der Meßdüse vernachlässigbar (2.5.3.1). Die relative Querströmung der Umgebungsluft jedoch führt zu einer meßbaren
Signalabsenkung. Bei einer Bahngeschwindigkeit der Meßdüse von $v_u =$
10 m/s, die einer Spindeldrehzahl von n = 1872 min^{-1} entspricht,
fällt der Signaldruck um knapp 1 mbar, was einem Meßfehler von
f_{Dv} = 0,8 µm gleichkommt (vgl. 2.5.3.2).

Der T e m p e r a t u r g a n g führt nach 2.5.4 zu einem Meßfehler von $f_{D\vartheta} \approx +12$ µm, sofern beim Systemabgleich die Aufwärm-
phase nicht abgewartet wird. Gleicht man indessen das Meßsystem bei
einer Düsentemperatur $\vartheta_D = 60$ °C ab und nimmt Temperaturschwankun-
gen zwischen 50 und 70 °C an - was nach wiederholten Messungen im
Versuchsbetrieb realistisch scheint -, so ist mit einer verbleiben-
den Meßunsicherheit von $f_{D\vartheta}^{*} \approx \mp 4$ µm zu rechnen.

Übrigens verringert sich beim dynamischen Abgleich, also mit einer
innerhalb der Anfangsphase des Zerspanungsprozesses vollzogenen
"Systemnullung", auch der bereits behandelte Meßfehler infolge von
Querströmungseffekten auf ein vernachlässigbares Maß.

Die O b e r f l ä c h e n r a u h e i t bewirkt nach 2.5.5 Meßfehler um $f_{DR} = \mp 1{,}5$ µm, wenn nicht an einer hydraulisch glatten
Oberfläche eingemessen worden ist.

Im Falle der kontinuierlichen Verschleißmessung kann es sich
zwangsläufig nicht um die Angabe eines einzelnen Meßwertes handeln,
wobei systematische Meßfehler grundsätzlich analytisch eliminiert
werden könnten, sondern um die Erzeugung beliebig vieler Meßwerte
innerhalb eines definierten Intervalls, des Meßbereichs. Hier sind
systematische Meßfehler letztlich nur durch Zuschaltung besonderer
Kompensationseinrichtungen oder Signalverarbeitungen auszusondern.
Für den in der vorliegenden Arbeit vorgestellten Verschleißsensor
trifft das besonders im Hinblick auf die Korrektur der Linearitätsabweichung durch den Prozeßrechner gemäß der im Abschnitt 2.6.2
angebenen Gleichung (2.9) zu. Ohne derartige Maßnahmen der Fehlerkorrektion ist davon auszugehen, daß auch systematische Fehler in
gleicher Weise zur Gesamtmeßunsicherheit beitragen wie zufällige
Fehler.

Demnach ist die Meßunsicherheit der Düse die Summe der angegebenen Einzelfehler. Sie ergibt sich als Maximalwert zu

$$|f_D| = |f_{DL}| + |f_{DT}| + |f_{Dv}| + |f_{D\vartheta}^{*}| + |f_{DR}| =$$
$$= 12 \quad + 2{,}3 + 0{,}8 + 4 \quad + 1{,}5 = 20{,}6 \text{ µm}$$

bzw., bezogen auf den Meßbereich, zu $|\varepsilon_D| = 8{,}2$ %. Im Falle der voll-
ständigen Korrektion der Linearitätsabweichung mit $f_{DL} = 0$ verrin-

gert sich die Meßunsicherheit zu $|f_D^*| = 12,6$ µm bzw.

$$|\varepsilon_D^*| = 5,04 \text{ \% } . \qquad (2.38)$$

2.8.4 Einfluß des Druckwandlers

Zur Wandlung des Drucksignals der Mantelstrahldüse in eine analoge elektrische Spannung wurde ein Druckwandler des Tpys LX 1604 G von National Semiconductor eingesetzt, der mit einem IC-Operationsverstärker sowie einem integrierten Temperaturfühler ausgerüstet ist. Dieser liefert bei einer empfohlenen Speisespannung von 15 V (=) ein Meßsignal im Bereich $2,5 \text{ V} \leqq U \leqq 12,5$ V, wobei sich für Umgebungsdruck ein Wert um 7,5 V ergibt. Der Druckwandler besitzt einen Meßbereich von $\mp 1,034$ bar, bei einem Hysterese- und Linearitätsfehler von $\varepsilon_{PL} = \mp 0,5$ %, was maximal ∓ 50 mV entspricht. Im Temperaturbereich $21 \text{ °C} \leqq \vartheta \leqq 78$ °C beträgt der Temperaturfehler für den Überdruckbereich $\varepsilon_{P\vartheta} = \mp 2$ % bzw. ∓ 200 mV. Aufgrund der Anordnung des Wandlers an der werkstückabgewandten Oberseite des Werkzeugs und durch die zusätzliche Abschirmung durch einen Wärmeschild aus Tetrafluoräthylen ist gewährleistet, daß seine Eigentemperatur 50 °C nicht überschreitet. Der Temperaturfehler liegt somit unter 180 mV. Bei der angegebenen Empfindlichkeit von 4,834 V/bar ergibt sich also eine Meßunsicherheit von ∓ 37 mbar, die in Anbetracht anderer, unvermeidlicher Fehler des Systems nicht hingenommen werden konnte. Eine deutliche Verbesserung erbrachte die Zuschaltung einer Temperaturkompensation unter Benutzung des integrierten Temperaturfühlers. Es gelang, den Temperaturfehler auf ∓ 25 mV für den Bereich $20 \text{ °C} \leqq \vartheta \leqq 70$ °C zu senken. Dem entspricht, mit der o.g. Empfindlichkeit von 1,25 bar/mm, eine Meßunsicherheit von $f_{P\vartheta}^* = \mp 4$ µm.

Rechnet man die Linearitätsabweichung mit ∓ 50 mV bzw. 10 mbar hinzu, die, umgerechnet auf die Längeneinheit, $f_{PL} = \mp 8$ µm beträgt, so beläuft sich die Gesamtmeßunsicherheit des Druckwandlers auf

$$|f_P| = |f_{PL}| + |f_{P\vartheta}^*| = 8 + 4 = 12 \text{ µm} . \qquad (2.39)$$

Das Zeitverhalten des Druckwandlers ist in 2.5.3.3 gemeinsam mit dem der Meßdüse untersucht worden. Seine Zeitkonstante ist in der Einstellzeit des Sensors (vgl. Bild 2.12) enthalten.

2.8.5 Gesamtmeßunsicherheit des Meßverfahrens

Der Gesamtfehler des Systems ergibt sich aus der Addition der Einzelfehler aller Komponenten. Einige Fehlerangaben der vorstehenden

Betrachtung allerdings schließen Signaländerungen ein, die sich
beim instationären Prozeßanlauf vollziehen. Erfolgt der Systemabgleich, also das "Nullen", beim Erreichen näherungsweise stationärer Bedingungen, subtrahieren sich diese Abweichungen bis auf einen
vergleichsweise kleinen Restbetrag heraus. Das gilt insbesondere für
die in 2.8.1 behandelten Signaländerungen infolge Wärmedehnungs-
effekten an Werkzeug und Meßdüse, aber ebenso für die Wirkungen der
Zerspanungskräfte. Bei richtigem Abgleich wird man also nicht - um
bei dem erwähnten Beispiel zu bleiben - von einem durch Prozeßein-
wirkungen bedingten Fehlerbeitrag des Werkzeugs in Höhe von 13,5 μm
auszugehen haben, sondern gewisse Signalschwankungen durch wech-
selnde Zerspanungskräfte um einen Mittelwert, z.B. 13,5 μm, in
Rechnung stellen müssen. Da man jedoch annehmen darf, daß diese
Schwankungsamplitude nicht bis zu dem Ruhewert null herunterreicht -
die Zerspanungskräfte werden ja im Prozeß nicht zeitweise zu Null
-, erscheint es plausibel, die Schwankungsbreite mit dem ursprünglichen Fehlerbetrag gleichzusetzen. D.h. man erhält Signalschwankungen mit der Amplitude 13,5/2 = 6,75 μm um den Mittelwert 13,5,
wobei der letztere durch den Abgleich entfällt. Dann beläuft sich
der effektive Fehlerbetrag durch das Werkzeug auf $f_W^* \approx \mp 6,8$ μm.

Entsprechendes gilt für den Temperaturfehler des Druckaufnehmers.
Mit einem gemessenen Temperaturgang von ca. 0,5 mV/grd und einer an-
genommenen Schwankungsbreite von $\mp$ 10°C um den Mittelwert 40°C erreicht der Temperaturfehler den Wert $\mp$ 5 mV, wenn - wie mehrfach gefordert - bei stationären Bedingungen "genullt" wird. Umgerechnet
ergibt das eine Meßunsicherheit $f_{P\vartheta}^{**} \approx \mp 0,8$ μm. Schließlich ist
zu bedenken, daß der systematische Fehler infolge Linearitätsabweichungen vollständig reproduzierbar ist. Weil derselbe Druckwandler sowohl im Versuch als auch im Fräseinsatz verwendet wurde, ist
der Linearitätsfehler selbstverständlich auch in der Düsenkennlinie
enthalten, nach der die Korrekturgleichung (2.9) formuliert ist.
Folglich ist nicht nur die Linearitätsabweichung der Düse, sondern
gleichzeitig auch die des Druckwandlers auf diese Weise eliminiert.
Allein die Hysterese trägt noch zum Gesamtfehler bei. Das Experiment zeigte, daß dieser Fehler vernachlässigbar klein ist. Er wurde vorsorglich zu $f_{PL}^* \approx \mp 1$ μm angenommen, so daß der Beitrag des
Druckwandlers zum Gesamtfehlers insgesamt $f_P^* = f_{P\vartheta}^{**} + f_{PL}^* =$
0,8 + 1 = $\mp 1,8$ μm beträgt.

Mit den einzelnen Fehlerbeiträgen des Werkzeugs f_W^*, des Druck-
reglers f_S, der Meßdüse f_D, des Druckwandlers f_P^* sowie eines auf
2 % geschätzten Anteils f_E der Signalverarbeitung ergibt sich die
Meßunsicherheit des Systems mit Berücksichtigung der Gln. (2.37)
und (2.38) zu

$$f_g = f_W^* + f_S + f_D^* + f_P^* + f_E =$$
$$= 6,8 + 1,4 + 12,6 + 1,8 + 5 =$$
$$= \mp 27,6 \ \mu m. \tag{2.40}$$

Bezogen auf den Meßbereich MB = 250 μm beträgt der relative Fehler
$\varepsilon_g = \mp 11$ %.

Der wahrscheinliche Meßfehler nach dem Fehlerfortpflanzungsgesetz
ergibt sich aus den gleichen Werten zu

$$f_{gw} = \mp 15,3 \ \mu m \text{ bzw. } \varepsilon_{gw} = \mp 6,1 \text{ %} \ .$$

2.9 Entwicklungsmöglichkeiten

Der vorgestellte Verschleißsensor ist das Ergebnis eines Versuchs,
den Zustand eines hochbeanspruchten Werkzeugs innerhalb eines Bearbeitungsprozesses, der eine Fülle schwer beherrschbarer Einflußgrößen mit wechselnder Intensität enthält, mit meßtechnischen Mitteln
kontinuierlich zu überwachen. Im gegebenen Fall des Fräsprozesses
ist hier ein neues Anwendungsfeld für berührungsfreie Längenaufnehmer aufgezeigt worden, das naturgemäß beträchtliche Risiken
birgt.

Ein Ergebnis der Sensorentwicklung ist die Erkenntnis sowohl der
Verbesserungsnotwendigkeit als auch der Verbesserungsfähigkeit des
Verschleißsensors. Ansatzpunkte für die Fortentwicklung bieten sich
bekanntermaßen dort, wo die zutagegetretenen Fehler am größten sind.
Nach Gl. (2.40) in 2.8.5 sind das die Komponenten Werkzeug und Meß-
düse.

Im Bereich der Meßdüse lassen sich zwei Verbesserungsmöglichkeiten
mit vergleichsweise geringem Aufwand realisieren. Eine beträchtliche Verkleinerung der Volumina von Signalkanal und -kammer, daneben
auch der Länge des Signalkanals, ist durch die Verwendung miniaturi-

sierter Druckwandler, wie sie heute im Handel sind, erzielbar. Eine
Verringerung dieser Volumina auf ca. 20 % des heutigen Totvolumens
würde, nach einer theoretischen Abschätzung (vgl. 2.5.3.3), die
Einstellzeit des Sensorsignals von gegenwärtig 30 ms auf etwa 5 ms
verringern, so daß die in 2.6.3 (Bild 2.21) aufgeführten Einschränkungen für den Verschleißsensor entscheidend abgeschwächt werden
könnten.
Die zweite Verbesserung müßte dem Temperaturverhalten der Meßdüse
gelten. Durch die gezielte Behinderung des Wärmeübergangs vom Werkzeug auf die Mantelfläche der Düse, beispielsweise mittels eines
wirksamen Wärmeschilds um die Außenfläche der Düse, würde die Temperaturempfindlichkeit deutlich vermindert werden können. Aber auch
durch Maßnahmen zur Kühlung, möglicherweise in Form eines zweiten
Mantelstrahls zwischen Werkzeug und Düsenmantelfläche, zur Abfuhr
des werkzeugseitigen Wärmestroms in die Umgebung, ließe sich der
gewünschte Effekt erzielen.

Im Bereich des Werkzeugs wirkt sich einerseits dessen von den
Zerspanungskräften und von der Spindel- bzw. Maschinensteifheit ab-
hängige Schrägstellung gegenüber der bearbeiteten Werkstückoberfläche als Fehlerquelle aus, andererseits können thermisch bedingte
Dilatationen und Kontraktionen vor allem im Schneidenbereich einen
in Wahrheit gar nicht eingetretenen Schneidkantenversatz vortäuschen.
Dem ersten Fall läßt sich abhelfen, indem man die Werkzeugneigung
kontinuierlich mißt, um die damit zusammenhängende Signalverfäl-
schung mittels einer geeigneten Kompensationsschaltung korrigieren
zu können. Der Einbau zweier gleichartiger Meßdüsen nach Bild 2.26
könnte dies leisten. Mit den Bezeichnungen aus Bild 2.26 errechnet
sich der tatsächliche Meßabstand, unabhängig von der Werkzeugneigung,
gemäß

$$s = s_1 - \frac{D - D_1}{D_1 - D_2} (s_2 - s_1) \, , \qquad (2.41)$$

wenn s_1 bzw. s_2 der aktuelle Meßabstand der Düse 1 bzw. der Düse 2,
D_1 bzw. D_2 die Bahnkreisdurchmesser der beiden Düsen und D der
Schneiddurchmesser des Werkzeugs sind. Der Aufwand für die notwendigen konstruktiven und schaltungstechnischen Maßnahmen wäre allerdings beträchtlich.

Dem Problem der Wärmedehnungen an Werkzeug und Meßdüse läßt sich wohl nur durch erhöhte meßtechnische Aufwendungen beikommen. Die prozeßsimultane Messung der Werkzeugtemperatur in Schneidennähe durch den festen Einbau miniaturisierter Temperaturfühler in das Werkzeug und die experimentelle Aufnahme von Kennlinien über den funktionalen Zusammenhang zwischen Werkzeugtemperatur und Schneidkantenversatz infolge Wärmedehnung könnte die Grundlage für eine wirksame Fehlerkorrektion liefern. Formuliert als empirische Funktion, sollte diese mit Hilfe eines programmierbaren oder fest verschalteten Rechenbausteins ohne Schwierigkeit möglich sein.

Nach der sorgfältigen Realisierung dieser Maßnahmen sowie einer vor allem im Bereich des Spitzenwertspeichers notwendigen Verbesserung der Signalverarbeitung, bei möglichst frühzeitiger Digitalisierung des Meßsignals, sollte eine Verringerung der Gesamtmeßunsicherheit auf einen Wert um $\mp$ 5 µm bzw. 2 % möglich sein.

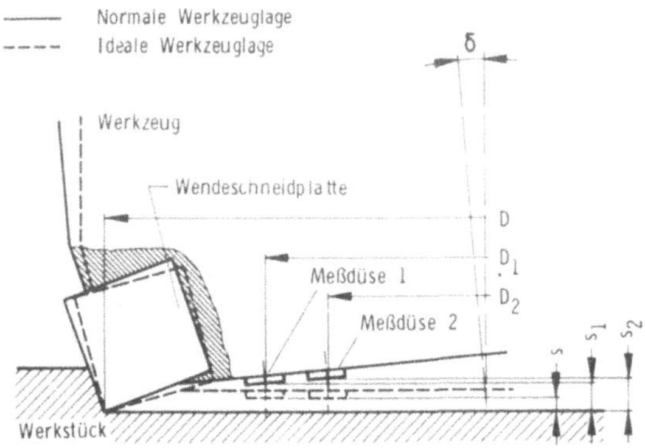

Bild 2.26: Kompensation des Meßfehlers infolge Werkzeugneigung durch den Einbau zweier gleichartiger Meßdüsen (Neigungsmessung).

3 Entwicklung eines pneumatischen Werkstückdetektors für den Fräsprozeß

Jeder Prozeß gliedert sich in produktive und unproduktive Phasen; ihr Verhältnis bestimmt die Wirtschaftlichkeit des Gesamtprozesses entscheidend. Auf den Fräsprozeß angewendet, besagt dieser Grundsatz, daß alle "Nebenzeiten", wie beispielsweise die für Wartungsmaßnahmen, Werkzeug- oder Werkstückwechsel sowie für Richt- und Stellvorgänge aufzuwendenden Zeitbeträge, auf ein Mindestmaß verringert werden müssen. Die Summe der Nebenzeiten läßt sich zum einen dadurch vermindern, daß mehrere unproduktive Vorgänge gleichzeitig abgewickelt werden, zum andern dadurch, daß mehrfach auftretende und in den einzelnen Prozeßphasen sich wiederholende Abläufe durch geeignete Maßnahmen abgekürzt werden. Hierzu gehört das "Anfahren", das mit dem ersten mechanischen Kontakt zwischen Werkstück und Werkzeug, dem sog. Anschnitt, endet. Da gerade dieser Vorgang nahezu alle Abschnitte des Fräsprozesses einleitet, erbringt die Verkürzung der Anfahrzeit in der Summe einen beträchtlichen Zeitgewinn. Die relative Fahrstrecke zwischen Werkstück und Werkzeug hängt von deren Geometrie, aber auch von Prozeßparametern wie der Schnittiefe oder der Spanungsbreite ab, so daß die Verringerung der Anfahrzeit ausschließlich durch die Erhöhung der Vorschubgeschwindigkeit möglich ist. Das Anfahren sollte demnach grundsätzlich im Eilgang erfolgen. Das birgt die Gefahr, daß das Werkzeug aufgrund der stoßartigen Belastung im Augenblick des Anschnitts beschädigt oder zerstört wird. Die Vorschubgeschwindigkeit muß deshalb zu einem Zeitpunkt reduziert werden, der ihre Verringerung auf die Arbeitsvorschubgeschwindigkeit vor dem Anschnitt gewährleistet. Diese Aufgabe ist nur mit einem angepaßten Werkstückdetektor zu lösen, der rechtzeitig und zuverlässig ein von der Werkstück- und Werkzeugform unabhängiges Annäherungssignal erzeugt.

3.1 Verkürzung der Nebenzeiten durch Anfahren im Eilgang

Eine Strecke l werde mit der in Bild 3.1 aufgetragenen Geschwindigkeit $u = u(t)$ durchfahren. Da die Zeiten veränderlicher Geschwindigkeit wegen a_A = const. denselben Betrag annehmen, gilt für die insgesamt benötigte Fahrzeit

$$T = 2\,T_B + T_C \quad . \qquad (3.1)$$

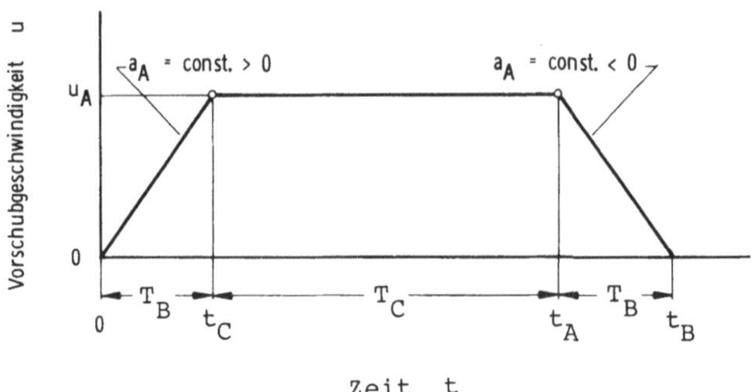

<u>Bild 3.1:</u> Zeitlicher Verlauf der Vorschubgeschwindigkeit des Maschinentisches während des gesamten Anfahrvorgangs;

a_A maximale Beschleunigung bzw. Verzögerung des Vorschubantriebs, u_A maximale Anfahrgeschwindigkeit, T_B Beschleunigungsphase.

Start- und Bremsphase nehmen jeweils die Zeit

$$T_B = \frac{u_A}{a_A} \qquad (3.2)$$

in Anspruch, und die zugehörigen Fahrstrecken betragen

$$l_B = \frac{a_A}{2} T_B^2 \ ,$$

woraus sich mit Gl. (3.2)

$$l_B = \frac{1}{2} \frac{u_A^2}{a_A} \qquad (3.3)$$

ergibt. Die gesamte Fahrstrecke beläuft sich auf

$$l = 2\, l_B + l_C \ , \qquad (3.4)$$

die Teilstrecke konstanter Fahrgeschwindigkeit auf

$$l_C = u_A\, T_C \ , \qquad (3.5)$$

so daß sich mit Gl. (3.5) aus Gl. (3.4) der Zusammenhang

$$l = 2\, l_B + u_A T_C \qquad (3.6)$$

ergibt. Löst man Gl. (3.6) nach T_C auf und berücksichtigt gleichzeitig Gl. (3.3), so erhält man

$$T_C = \frac{1}{u_A} - \frac{u_A}{a_A} \quad . \qquad (3.7)$$

Nach dem Einsetzen der Gln. (3.7) und (3.2) in Gl. (3.1) folgt die gesamte Fahrzeit schließlich zu

$$T = \frac{u_A}{a_A} + \frac{1}{u_A} \quad . \qquad (3.8)$$

Bild 3.2 zeigt den möglichen Zeitgewinn, der durch den Einsatz eines leistungsfähigen Werkstückdetektors erzielt werden kann. Über der Fahrstrecke l ist für verschiedene Arbeitsgeschwindigkeiten u der Zeitgewinn ΔT aufgetragen, der sich beim Fahren mit der Eilganggeschwindigkeit u_A = 10 m/min ergibt. Zum Durchfahren der Strecke l = 0,5 m im Arbeitsgang mit u = 1 m/min benötigt die Maschine beispielsweise die Zeit T_{Arb} = 30 s, während im Eilgang mit u_A = 10 m/min nur T_{Eil} = 3,0 s aufzuwenden sind. Der Zeitgewinn beläuft sich also auf ΔT = 27 s. Für die Strecke l = 100 mm, um ein weiteres Beispiel zu nennen, werden mit u = 1 m/min 6,0 s, mit u_A = 10 m/min aber nur 0,6 s Fahrzeit benötigt, was einer Einsparung von 5,4 s entspricht.

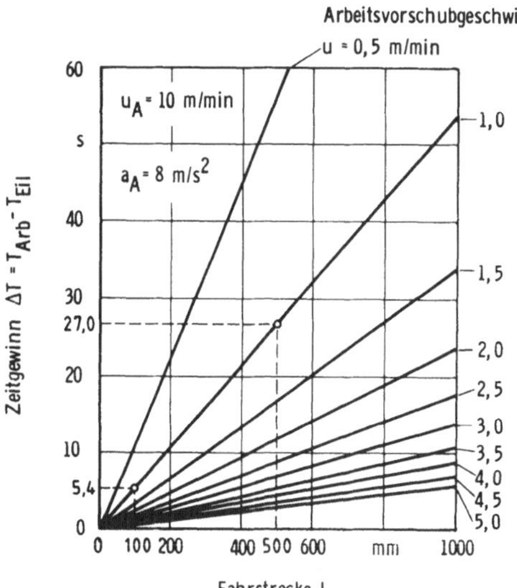

Bild 3.2: Zeitgewinn beim Durchfahren der Fahrstrecke l mit Eilganggeschwindigkeit gegenüber verschiedenen Arbeitsganggeschwindigkeiten.

3.2 Anforderungen an einen Werkstückdetektor für den Fräsprozeß

Der folgende Pflichtenkatalog ist ausschließlich an den Belangen des optimal geführten Fräsprozesses ausgerichtet. Bei seiner Zusammenstellung blieben Fragen nach der Erfüllbarkeit der Forderungen, die ja vom Stand der Sensortechnik abhängt, gleichermaßen unberücksichtigt wie die Wertung nach Kostengesichtspunkten. Diese einander teilweise widersprechenden Aspekte werden in einem besonderen Abschnitt behandelt.

3.2.1 Zeitverhalten

Jeder Sensor ist - je nach Wirkprinzip und Bauform - mit einer mehr oder weniger ausgeprägten Trägheit behaftet. Bei Meßgrößenaufnehmern spricht man in diesem Zusammenhang von der Einstellzeit, die verstreicht, bis das Signal, von einem genau definierten Grundwert ausgehend, auf die Höhe des aktuellen Meßsignals angestiegen ist, wobei die Änderungsgeschwindigkeit der Meßgröße als unendlich angenommen wird. Beim Objektdetektor darf die Einstellzeit anders festgelegt werden. Hier genügt es, wenn das Signal vom Grundwert auf einen Betrag springt, der noch sicher als Schaltschwelle benutzt werden kann. In jedem Fall aber addiert sich die Einstellzeit zur Totzeit T_A gemäß

$$T_A = T_S + T_E \quad , \quad .$$
(3.9)

wo T_S die Zeitdauer für die Erzeugung des Steuersignals einschließlich der Signallaufzeit sowie für das Umschalten des Vorschubantriebs bedeutet. Erst nach Ablauf der Totzeit wird ein Annäherungssignal des Sensors also Folgen haben können. Da aber innerhalb von T_A der Vorschub unvermindert weiterläuft, muß das Annäherungssignal bereits in größerem Abstand vom Werkzeug erzeugt werden. Diese Forderung verlangt eine Erhöhung der Sensorreichweite. Wenn mit u_A die Vorschubgeschwindigkeit im Eilgang bezeichnet wird, gilt für die Erhöhung der Reichweite demnach

$$\Delta l = u_A \cdot T_A$$
(3.10)

Dies wird bei der Behandlung des Schaltabstandes im nächsten Abschnitt zu beachten sein.

3.2.2 Schaltabstand und Reichweite

Die angestrebte Zeitersparnis beim Durchfahren schnittfreier
Strecken wird dann maximal sein, wenn möglichst lange im Eilgang
gefahren wird. Den Zeitpunkt des Bremsbeginns bestimmen das Zeitverhalten der Maschinensteuerung und die Leistungsfähigkeit des
Vorschubantriebs. Bei hohen Vorschubgeschwindigkeiten wird mit guter Näherung angenommen, daß die Bremsverzögerung zeitlich konstant
ist /50/, wie Bild 3.3 zeigt.

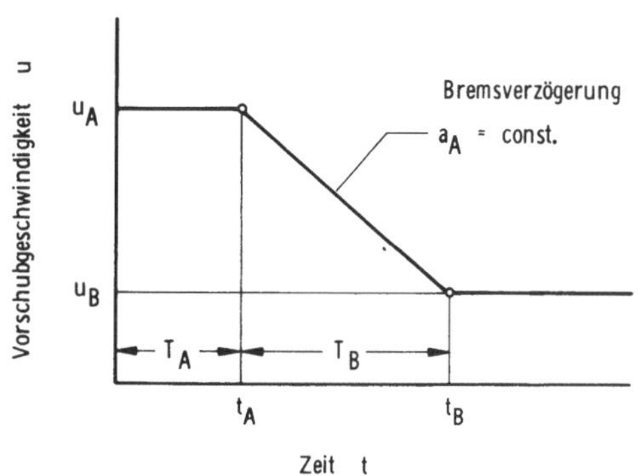

Bild 3.3: Bremsverhalten
einer Werkzeugmaschine beim
Anfahren an das Werkstück
mit hoher Vorschubgeschwindigkeit;

u_A Anfahrgeschwindigkeit
im Eilgang, u_B Vorschubgeschwindigkeit beim Zerspanen, T_A Totzeit, T_B Bremszeit, a_A Bremsverzögerung[†].

Als Forderung möge gelten, daß zum Zeitpunkt t_B des Anschnitts gerade die Vorschubgeschwindigkeit u_B erreicht wird. Mit den Bezeichnungen aus Bild 3.3 gilt für die mathematische Beschreibung des
Bremsvorgangs die Beziehung

$$\frac{d^2 l}{dt^2} = a_A \quad , \tag{3.11}$$

wo l die durchfahrene Wegstrecke bedeutet. Nach einfacher Integration ergibt sich aus Gl. (3.11) die Vorschubgeschwindigkeit für das
Intervall $t_A \leq t \leq t_B$ zu

$$u = u_A + a_A \cdot (t_B - t_A) \tag{3.12}$$

bzw., mit $t_B - t_A = T_B$,

$$u_B = u_A + a_A \cdot T_B \quad ,$$

[†] Selbstverständlich ist a_A in den hier hergeleiteten Gleichungen
mit negativem Vorzeichen einzusetzen, da es sich um eine Verzögerung handelt.

woraus man die Bremszeit zu

$$T_B = \frac{u_B - u_A}{a_A} \qquad (3.13)$$

erhält. Aus der Integration der Gl. (3.12) errechnet sich die Fahrstrecke gemäß

$$l = l_A + u_A \cdot (t - t_A) + \frac{a_A}{2} \cdot (t - t_A)^2 \qquad (3.14)$$

bzw., für den Zeitpunkt $t = t_B$, mit Bild 3.3

$$l_B = l_A + u_A \cdot T_B + \frac{a_A}{2} \cdot T_B^2 \; . \qquad (3.15)$$

Mit Gl. (3.13) folgt aus Gl. (3.15)

$$l_B = l_A + \frac{1}{2a_A} \cdot (u_B^2 - u_A^2) \; , \qquad (3.16)$$

woraus sich mit dem aus Bild 3.3 erkennbaren Zusammenhang

$$l_A = u_A \cdot T_A \qquad (3.17)$$

schließlich die Gleichung

$$l_B = u_A \cdot T_A + \frac{1}{2a_A} \cdot (u_B^2 - u_A^2) \qquad (3.18)$$

ergibt. In Gl. (3.18) bedeutet l_B den gesamten Bremsweg beim Verzögern aus der Eilganggeschwindigkeit u_A auf die Arbeitsgangggeschwindigkeit u_B unter Berücksichtigung der Schalt- oder Totzeit T_A. Aus Sicherheitsgründen möge auf $u_B = 0$ verzögert werden, so daß sich Gl. (3.18) zu

$$l_B = u_A \cdot (T_A - \frac{u_A}{2a_A}) \qquad (3.19)$$

vereinfacht. Der Mindestschaltabstand l_S eines Werkstückdetektors muß nun, um eine angemessene Sicherheitsreserve zu enthalten, größer als der Bremsweg l_B sein, so daß

$$l_S > l_B \qquad (3.20)$$

gilt.

Nach /50/ ist bei Fräsmaschinen, die mit geschwindigkeitsgeregelten Gleichstromantrieben ausgerüstet sind, mit einer Schaltzeit von T_S = 15 ms zu rechnen. Derartige Antriebe ermöglichen Bremsverzögerungen von a_A = 8 m/s². Für T_A = 15 ms (T_E = 0) ist in Bild 3.4 die Abhängigkeit des Bremsweges l_B von der Anfahrgeschwindigkeit u_A bei verschiedenen Verzögerungen a_A dargestellt. Die Kurven wurden nach Gl. (3.19) berechnet und geben den erforderlichen Mindestschaltabstand eines trägheitsfrei wirkenden Werkstückdetektors wieder. Mit a_A = 8 m/s² ergibt sich aus Bild 3.4 für die Eilganggeschwindigkeit u_A = 10 m/min ein Bremsweg l_B = 4,2 mm. Eine Steigerung der Verzögerung auf a_A = 10 m/s² ergibt indessen nur eine geringfügige Verbesserung des Bremsverhaltens: Der Bremsweg beträgt hier l_B = 3,9 mm. Demgegenüber erhöht sich für a_A = 6 m/s² der Bremsweg auf immerhin l_B = 4,8 mm. Mit zunehmender Bremsverzögerung nimmt der Bremsweg offenbar hyperbolisch ab.

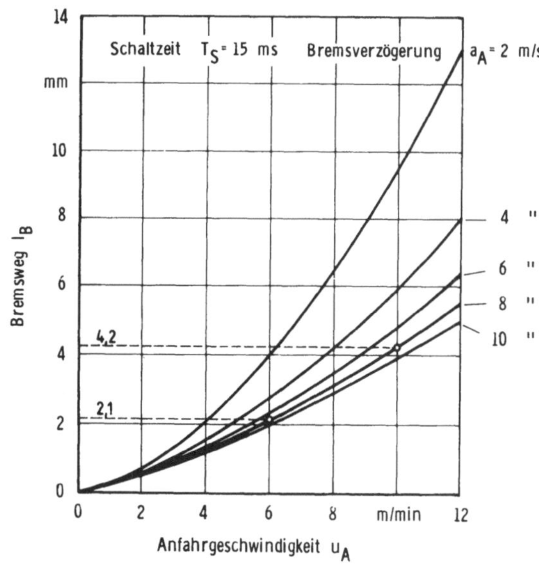

Bild 3.4: Bremsweg eines Vorschubantriebs beim Verzögern von der Eilganggeschwindigkeit u_A auf Stillstand.

Bild 3.5 verdeutlicht, wie sich der erforderliche Mindestschaltabstand l_S des Sensors mit der Signaleinstellzeit T_E erhöht. Bei der Schaltzeit T_S = 15 ms und der konstanten Verzögerung a_A = 8 m/s² nimmt l_S linear mit T_E und quadratisch mit u_A zu. Da die Einstellzeit, ebenso wie die Reichweite, eine spezifische Sensoreigenschaft ist, kann man aus Bild 3.5 unmittelbar die zulässige Anfahrgeschwindigkeit u_A ablesen. Die Kurven in Bild 3.5 wurden gleichfalls nach Gl. (3.19), jedoch mit Berücksichtigung von Gl. (3.9), berechnet.

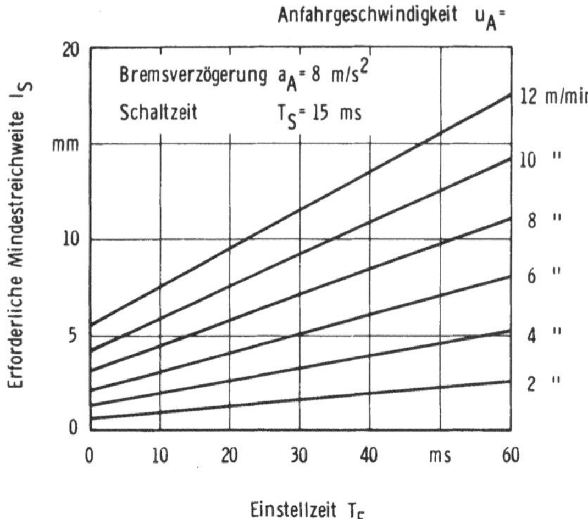

Bild 3.5: Erforderliche Mindestreichweite eines Werkstückdetektors als Funktion der Einstellzeit.

3.2.3 Funktionssicherheit und Störeinflüsse

Der Werkstückdetektor ist, wie der Verschleißsensor, im Werkzeug untergebracht (vgl. Bild 2.18 bzw. 2.19) und unterliegt daher den gleichen mechanischen Beanspruchungen wie dieser. An seine Funktionssicherheit sind indessen - über das in 2.3.3 Gesagte hinaus - besonders hohe Anforderungen zu stellen, weil von ihr die Unversehrtheit von Werkzeug und Maschine abhängt.

3.3 Auswahl eines geeigneten Sensors

Die Eigenschaft einer ausreichenden effektiven Reichweite ist Voraussetzung für den Einsatz eines Sensors als Werkstückdetektor. Sie ist gleichbedeutend mit dem bei höchster Vorschubgeschwindigkeit und größtmöglicher Antriebsverzögerung unter ungünstigsten sonstigen Bedingungen erzielbaren Schaltabstand und bezieht sich auf den Sensor insgesamt. Dabei ist die Tasthäufigkeit beim Einbau mehrerer Tastfühler ebenso berücksichtigt wie die Totzeit.

3.3.1 Reichweite verschiedener Sensoren, erforderlicher Mindestschaltabstand und zulässige Anfahrgeschwindigkeit

Im folgenden werden verschiedene Sensoren hinsichtlich ihrer kinematischen Daten miteinander verglichen. Die meisten Zahlenwerte wurden den Datenblättern der Hersteller entnommen, einige - wie beispielsweise diejenigen über pneumatische und induktive Sensoren - beruhen auf eigenen experimentellen Erfahrungen.

Tabelle 3.1 zeigt das Ergebnis der Gegenüberstellung der in Betracht gezogenen Sensorarten. Zum besseren Verständnis der Zahlenangaben seien zunächst die einzelnen Beurteilungskriterien definiert.

Die statische Reichweite l_R bezeichnet den größten Objektabstand, bei dem - im Falle quasi-statischer Antastung - der Sensor gerade noch anspricht (Einzelsensor), bzw. die freie Bildbreite bei einer Mindestauflösung von 1 mm (Bildsensor).

Die ideale Einstellzeit T_E quantifiziert die Zeitspanne zwischen dem Eintritt des Objekts in die Tast- bzw. Bildzone des Sensors und der Ausgabe eines steuerungskompatiblen Annäherungssignals. Dabei soll die Anfahrgeschwindigkeit gegenüber der Einstellgeschwindigkeit groß ($u_A \to \infty$) sein.

Die reale Einstellzeit T_E^* enthält gegenüber T_E zusätzlich das Zeitintervall, das zwischen den sequentiellen Tastimpulsen zyklisch aufeinanderfolgender Einzelsensoren verstreicht. Bei allen Bildsensoren ist $T_E^* = T_E$, bei Einzelsensoren immer $T_E^* > T_E$. Wenn n die Spindeldrehzahl und Z die Anzahl der in äquidistanter Winkelteilung im Fräswerkzeug untergebrachten Einzelsensoren bedeuten, so gilt für die reale Einstellzeit T_E^* die Beziehung

$$T_E^* = T_E + \frac{60}{nZ} \quad . \tag{3.21}$$

Die effektive Reichweite l_R^* ist der im Betrieb erzielbare Schaltabstand. Sie berücksichtigt die Fahrstrecke, die das Objekt mit der Anfahrgeschwindigkeit u_A während der realen Einstellzeit T_E^* in Richtung auf das Werkzeug (lateral) zurücklegt, und die Sicherheitszone, um die der Tastfühler innerhalb des Schneidkreises liegt. Bedeuten l_R die statische Reichweite, l_{SZ} die radiale Ausdehnung der Sicherheitszone, u_A die Anfahrgeschwindigkeit und T_E^* wieder die reale Ein-

Sensor / Leistungs-daten	Reichweite (statisch) l_R [mm]	Einstellzeit (statisch) T_E [ms]	Einstellzeit (dynamisch) T_E^* [ms]	Reichweite (effektiv) l_R^* [mm]	Mindest-schaltabst. l_S [mm]	Zul. Anfahr-geschwindigk. $u_{A,zul}$ [m/min]
Bildsensoren						
TV-Vidikon[1]	65,5 / 193,5	20 / 20	20 / 20	62,2 / 62,2	7,6 / 7,6	46,9 / 46,9
Diodenkamera	65,5	0,3	0,3	65,5	4,3	54,5
Lichtvorhang	7,5	2,5	2,5	7,1	4,7	14,0
LASER-Vorhang	87,5	0,9	0,9	87,4	4,4	63,8
Tastsensoren[2]						
Mechanischer Sensor	10	1	9,3 / 26,0	7,0 / 4,2	5,8 / 8,6	13,3 / 9,9
Pneumatischer Sensor	10	2	10,3 / 27,0	6,8 / 4,0	6,0 / 8,7	13,1 / 9,8
Induktiver Sensor	5	0,15	8,5 / 25,2	2,1 / –	5,7 / 8,4	6,9 / 4,7
Kapazitiver Sensor	6	1,05	9,4 / 26,1	2,9 / 0,2	5,8 / 8,6	8,2 / 5,7
Akustischer Sensor	8	0,2	8,5 / 25,2	5,1 / 2,3	5,7 / 8,5	11,1 / 8,0
Reflexlicht-schranke	50-100	20	28,3 / 45,0	43,8 / 41,0	9,0 / 11,7	36,0 / 31,4

Zugrundegelegte kinematische Daten:

Anfahrgeschwindigkeit $\quad u_A = 10$ m/min

Bremsverzögerung $\quad a_A = 8$ m/s^2

Drehzahl $\quad n = 1200$ min^{-1}

Sicherheitsabstand $\quad l_{SZ} = 1,5$ mm

1) Zeile 1: 256 Bildzeilen
   Zeile 2: 512 Bildzeilen

2) Zeile 1: 6 Sensoren in 60°-Teilung
   Zeile 2: 2 Sensoren in 180°-Teilung

Tab. 3.1: Vergleich der kinematischen Eigenschaften verschiedener Objektdetektoren.

stellzeit, so gilt für die effektive Reichweite die Beziehung

$$l_R^* = l_R - l_{SZ} - u_A \, T_E^* \quad .$$ (3.22)

Der erforderliche Mindestschaltabstand l_S berücksichtigt neben der effektiven Einstellzeit T_E^* die Schaltzeit T_S des Vorschubantriebs der Fräsmaschine sowie dessen Dynamik, die sich in der Verzögerungskonstanten a_A ausdrückt. Mit der Anfahrgeschwindigkeit u_A errechnet sich der erforderliche Mindestschaltabstand gemäß Gl. (3.19) und Gl. (3.9) zu

$$l_S = u_A \left(T_S + T_E^* - \frac{u_A}{2a_A} \right) \quad .$$ (3.23)

Die höchstzulässige Anfahrgeschwindigkeit $u_{A,zul}$ trägt der Dynamik von Sensor und Vorschubantrieb gleichermaßen Rechnung. Sie gibt an, mit welcher Höchstgeschwindigkeit sich das Werkstück auf das Werkzeug zubewegen darf, ohne daß die Gefahr einer Werkzeug- oder Maschinenbeschädigung droht. Aus Gl. (3.23) und mit $l_S = l_R - l_{SZ}$ ergibt sie sich zu

$$u_{A,zul} = a_A \left[T_S + T_E^* - \sqrt{(T_S + T_E^*)^2 - \frac{2}{a_A} (l_R - l_{SZ})} \right] .$$ (3.24)

Die Zahlenwerte in Tabelle 3.1 wurden mit Hilfe der Gln. (3.21) bis (3.24) berechnet. Ihnen liegen die dynamischen Maschinenwerte u_A = 10 m/min für die Anfahrgeschwindigkeit und a_A = 8 m/s² für die Vorschubverzögerung zugrunde.

Der Vergleich der zulässigen Anfahrgeschwindigkeiten der verschiedenen Sensoren zeigt eine deutliche Überlegenheit der Bildsensorsysteme /51 bis 54/ gegenüber den Tastsensoren /55 bis 59/ - mit Ausnahme des Lichtvorhangs /60,61/. In der orthogonalen Doppelkonfiguration nach Bild 3.6, hier dargestellt am Beispiel des Lichtvorhangs, sind sie jedoch mit dem Nachteil behaftet, daß sie keine rotationssymmetrische Kontrollfläche erzeugen, wie das die im Werkzeug integrierten Tastsensoren vermögen. Bei diagonaler Annäherung des Werkstücks an die im Grundriß quadratische Kontrollfläche, die das Werkzeug mit dem Durchmesser D umschließen möge, erzeugt der Bildsensor im ungünstigsten Fall schon in einem Abstand das Annäherungssignal, der um den Betrag

$$\Delta l_S = (\sqrt{2} - 1)(\frac{D}{2} + l_S) \tag{3.25}$$

über dem erforderlichen Mindestschaltabstand l_S liegt (Bild 3.7).
Die Maschinensteuerung verzögert also den Tischvorschub früher als
nötig vom Eilgang auf den vorgegebenen Arbeitsgang. Die Folge ist
ein Zeitverlust, der sich gemäß

$$\Delta T_V = \Delta l_S (\frac{1}{u} - \frac{1}{u_A}) - \frac{u}{u_A} \tag{3.26}$$

berechnet. In Gl. (3.26) ist Δl_S die Schaltabstandszunahme nach
Gl. (3.25), u die Arbeitsvorschubgeschwindigkeit und a_A = const. die
Vorschubverzögerung. Der Subtrahend u/a_A trägt dem Umstand Rechnung,
daß nicht auf Stillstand verzögert werden muß, wie oben aus Sicherheitsgründen angenommen wurde, sondern lediglich auf Arbeitsvorschub,
was einen geringen Zeitgewinn ergibt. Der durch Gl. (3.26) beschriebene Zusammenhang ist in Bild 3.7 für alle Bildsensoren im Bereich

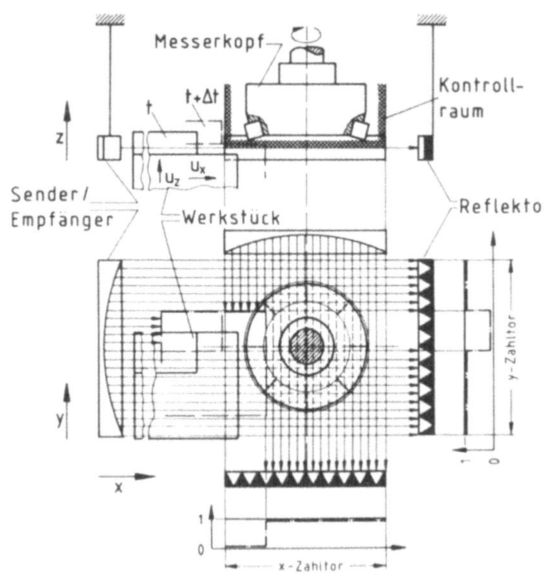

Bild 3.6: Kollisions-
verhütung durch Auf-
spannen eines Kontroll-
raumes um das Werkzeug
mittels zweier ortho-
gonaler Lichtvorhänge.

4,3 mm $\leq l_S \leq$ 7,6 mm veranschaulicht. Offenbar ist der Einfluß des
Mindestschaltabstands l_S so gering, daß er im gewählten Maßstab
nicht darstellbar ist. Im Bereich der üblichen Arbeitsvorschubge-
schwindigkeiten ergeben sich Zeitverluste zwischen 0,5 und 5 Sekun-

den, wenn man zweidimensionale Bildsensoren in orthogonaler Anordnung einsetzt. Trotz ihrer vergleichsweise großen Reserven im
Hinblick auf die zulässige Anfahrgeschwindigkeit sind sie deshalb
für die Erfüllung der hier gestellten Aufgabe nur bedingt geeignet.

Tastsensoren sind von diesem Nachteil frei, weil sie aufgrund
ihrer Anordnung im rotierenden Werkzeug keine mit den Verhältnissen
beim Bildsensor vergleichbare "tote Zone" aufweisen.

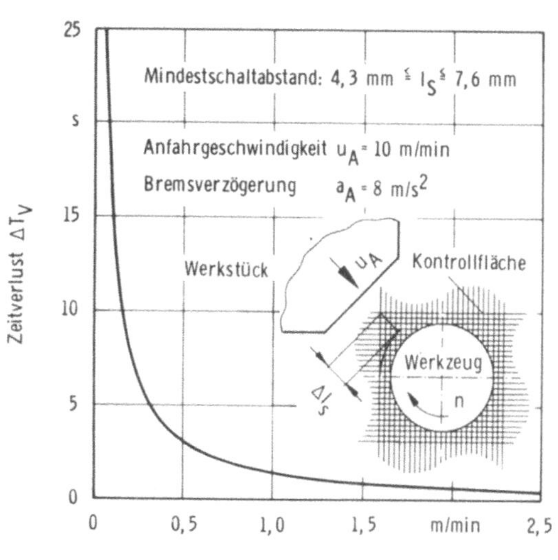

Bild 3.7: Zeitverlust durch Erhöhung des tatsächlichen Schalt-abstands zweidimen-sionaler Bildsensoren beim diagonalen An-fahren an eine qua-dratische Kontroll-fläche.

3.3.2 Einfluß begleitender Prozeßbedingungen

Werkstückdetektoren müssen sich durch eine weitgehende Unempfindlichkeit gegenüber allen Einflüssen auszeichnen, die nicht mit der
Werkstückannäherung im Zusammenhang stehen. Gemeint sind hierbei
alle Bedingungen, die durch die Vorgabe von Gerät und Werkstoff,
prozeßbegleitende Störeffekte, aber auch durch die Prozeßstrategie
invariant sind.

In Tabelle 3.2 ist der Einfluß der wichtigsten Prozeßbedingungen
auf wesentliche Sensormerkmale im gegenseitigen Vergleich qualitativ zusammengestellt. In ihrem Aufbau entspricht Tabelle 3.2 vollständig Tabelle 2.2 (vgl. 2.4.2), auch die Vorgehensweise bei der
Bewertung der Wirkung aller Einflußgrößen auf die jeweiligen Merkmale ist analog. Die Gesamtbeurteilung auf der Grundlage der Tabel-
len 3.1 und 3.2 folgt im nächsten Abschnitt.

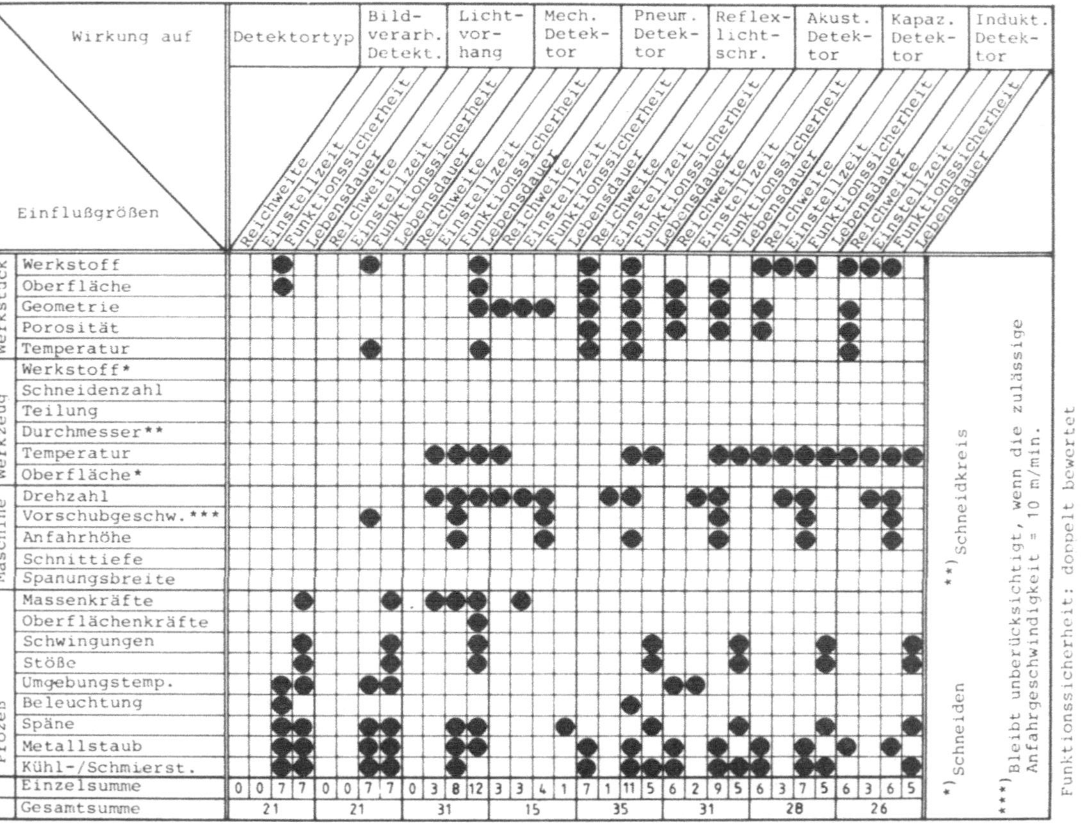

Tab. 3.2: Wirkung prozeßbegleitender Einflußgrößen auf wesentliche Kriterien verschiedener Objektdetektoren (qualitativ); die Eigenschaft "Funktionssicherheit" ist doppelt bewertet.

3.3.3 Eignung der einzelnen Sensorarten für den Einsatz als Werkstückdetektor

Nach Tabelle 3.2 ist der Sensor am unempfindlichsten gegenüber prozeßbegleitenden Einflußgrößen, der die geringste Punktezahl erzielt hat. Der Vergleich zeigt, daß hier die pneumatische Mantelstrahldüse mit deutlichem Vorsprung - 15 Punkte gegenüber 21 des Zweitplazierten - den ersten Rang einnimmt. Ihre Vorzüge sind offensichtlich: Unabhängigkeit vom Werkstoff und von der Werkstücktemperatur, Unempfindlichkeit gegen Vibrationen und Stöße, Verschmutzung sowie gegen Kühl- oder Schmierstoffe. Auch Werkstückoberfläche und Werkzeugtemperatur sind für die Anwendung der Mantelstrahldüse als Werkstückdetektor von geringer praktischer Bedeutung, so daß dieser Typ wohl als der robusteste aller in Betracht gezogenen Sensorarten gelten darf.

Es fällt auf, daß die Gruppe der externen Bildsensoren den größten Teil ihrer Minuspunkte bei der Betrachtung der prozeßbezogenen Einflußgrößen erhalten hat. Diese komplexen Systeme sind immer noch recht anfällig gegen die meisten der beim Zerspanen auftretenden Belastungen, auch wenn eine Fülle präventiver Maßnahmen, wie gekapselte Bauweise, eigene Kühleinrichtung, Stoßschutz und Schwingungsdämpfung vielfache Verbesserung bringen. Ein schwer zu bewältigendes Problem, das in Tabelle 3.2 überhaupt nicht zum Ausdruck kommt, bleibt die Unterbringung der Bildsensoren an oder in der Nähe der Maschine. Besonders die Ausrüstung moderner Anlagen mit Geräten für die Werkzeug- und Werkstückhandhabung machen die zusätzliche Anbringung komplexer Bilderfassungssysteme problematisch. Ihre Aufstellung in größerer Entfernung von der Maschine, die ja bei Verwendung von Teleobjektiven ohne weiteres möglich wäre, erhöht die Wahrscheinlichkeit, daß Personen oder "irrelevante" Objekte ins Bildfeld geraten und unnötigen Annäherungsalarm auslösen.
Von den Einzelsensoren erhielten der induktive und der kapazitive Sensor die nächsthöheren Punktezahlen (Tab. 3.2). Ihr besonderer Vorteil liegt in der Kürze der Einstellzeiten, ihr Nachteil in der Abhängigkeit von Werkstückform und Werkstoff begründet. Sie sind sehr empfindlich gegen Metallstaub und - vornehmlich der kapazitive Sensor - gegen Fremdstoffe wie Schmier- oder Kühlstoffe. Ungünstig ist ferner ihre - relativ zur Baugröße - geringe Reichweite, während die Temperaturempfindlichkeit durch moderne Isolierwerkstoffe und durch kompensative Maßnahmen beherrschbar scheint.

Die Reflexlichtschranke und ihr akustisches Analogon, der Ultraschallsensor, zeichnen sich grundsätzlich durch große Reichweiten
und weitgehende Unempfindlichkeit gegen die Werkstücktemperatur aus.
Die Reflexlichtschranke weist jedoch eine starke Abhängigkeit von
den optischen Eigenschaften des Werkstücks (reflektierend, absor-
bierend, durchlässig) und dessen Form und Oberfläche auf. Ferner
besteht eine hohe Empfindlichkeit gegen Fremdstoffe und - je nach
Wellenlänge - gegen Fremdlicht. Der Ultraschallsensor wird weniger
vom Werkstoff als von der geometrischen Form des Werkstücks beeinflußt. Fremde, unkontrollierbare Schallereignisse können hier un-
beabsichtigten Annäherungsalarm auslösen. Bezüglich der zulässigen
Anfahrgeschwindigkeit ist der Ultraschallsensor mit der Mantelstrahldüse vergleichbar. Die beiden zuletzt genannten Sensortypen sind aufgrund ihrer Empfindlichkeit gegenüber sich stets wandelnden Werk-
stückeigenschaften wenig geeignet für die Lösung der gestellten Aufgabe.

Bei Würdigung der dargelegten Zusammenhänge gelangt man letztend-
lich zu der Ansicht, daß der pneumatische Sensor in Gestalt der Mantelstrahldüse den höchsten Eignungsgrad aller in Betracht gezogenen
Sensorarten erzielt. Lediglich die Festlegung der geometrischen Form
und der wirksamen Strömungsquerschnitte sowie die Ermittlung der
günstigsten Betriebsbedingungen sind noch zu klären. Über die hierfür notwendigen experimentellen Untersuchungen und ihre Ergebnisse
wird im folgenden berichtet.

3.4 Untersuchung einiger Mantelstrahldüsen

Bereits in einem frühen Stadium der Entwicklungsarbeiten wurde
offenbar, daß handelsübliche pneumatische Sensoren mit der geforderten Reichweite im vorgegebenen Werkzeug aus Platzgründen nicht
unterzubringen waren. Somit war es unumgänglich, eine eigene, spe-
ziell auf die Verwendung als Werkstückdetektor zugeschnittene Mantelstrahldüse zu entwickeln.

Aus der Vielzahl der experimentell untersuchten Düsen aus eigener
Fertigung sollen im folgenden zwei vorgestellt werden, die sich bezüglich ihres Strömungsverhaltens grundlegend unterscheiden. Die erste ist die konvergente Mantelstrahldüse für den Unterschallbetrieb,
die im geplanten Einsatzfall schließlich Verwendung fand, die zweite eine LAVAL-Düse in Mantelform, die im Überschallbereich arbeitet,
aus verschiedenen Gründen aber nicht zum Einsatz kam.

3.4.1 Statisches Verhalten

Bild 3.8,a zeigt die später im Fräsbetrieb eingesetzte Mantelstrahldüse mit konvergentem Kanalquerschnitt. Mit den angegebenen
Abmessungen erreicht die Düse bei einem Speisedruck von 4,2 bar
über Umgebungsdruck eine Reichweite von 8 mm. Die statischen Kennlinien $p = p (s;p_S)$ für Speisedrücke zwischen 3 und 4,2 bar sind
im Teil b des Bildes 3.8 wiedergegeben. Der Drucksprung bei s = 8 mm
beträgt ungefähr 80 mbar, die meßtechnisch ohne Mühe zu beherrschen
sind. Nach Gl. (3.24) darf die zulässige Anfahrgeschwindigkeit infolge der etwas geringer als erwartet ausgefallenen Reichweite von
l_R = 8 mm nun aber 10,7 m/min (6 Düsen) bzw. 7,8 m/min (2 Düsen)
nicht überschreiten. Im Vergleich zur maximalen Eilganggeschwindigkeit $u_{A,max}$ = 10 m/min entsteht dadurch beim Durchfahren einer Strek-
ke l = 0,5 m ein Zeitverlust von ungefähr 0,8 s (vgl. 3.1).

Bestimmend für die erzielbare Reichweite pneumatischer Mantelstrahldüsen ist der wirksame Strahldurchmesser im Austrittsquer-
schnitt. Gerade dieser ist aber aus Gründen vorgegebener Einbau-
abmessungen und der Notwendigkeit der Begrenzung des Luftverbrauchs
nicht beliebig steigerbar. Durch eine strömungstechnisch günstige
Formgebung kann die Reichweite positiv beeinflußt werden. Im vorliegenden Fall tragen die starke Verengung des Kanalquerschnitts
und die kegelige Anfasung an der Außenseite der Düse zur Verminderung der Strömungsverluste des in die umgebende Luft eintretenden
Luftstrahls bei. Dieser vermag auf diese Weise sein Geschwindig-
keitsfeld bis in größere Entfernung der Umgebungsluft aufzuzwingen.
Die Möglichkeiten zur Steigerung der Austrittsgeschwindigkeit sind
bei Düsen mit konvergentem Querschnitt begrenzt. Trotz beliebiger
Erhöhung des Speisedrucks kann die Schallgeschwindigkeit im engsten
Querschnitt nicht überschritten werden.

Einen Ausweg bietet die in Bild 3.9 dargestellte LAVAL-Düse. Als
Besonderheit besitzt sie im Anschluß an den engsten Querschnitt eine divergente Kanalerweiterung, die eine weitere Expansion der Luft
zuläßt, als sie in einem konvergenten Kanal möglich ist /42/. Die
in Bild 3.9,b wiedergegebenen Kennlinien weisen aus, daß die LAVAL-
Düse bei einem Speisedruck von 5 bar eine Reichweite von reichlich
10 mm erzielt. Dabei ist interessant, daß durch Erhöhen des Speisedrucks noch eine erhebliche Steigerung möglich scheint, während bei
der unterkritischen Düse, wohl infolge der Annäherung der Austritts-

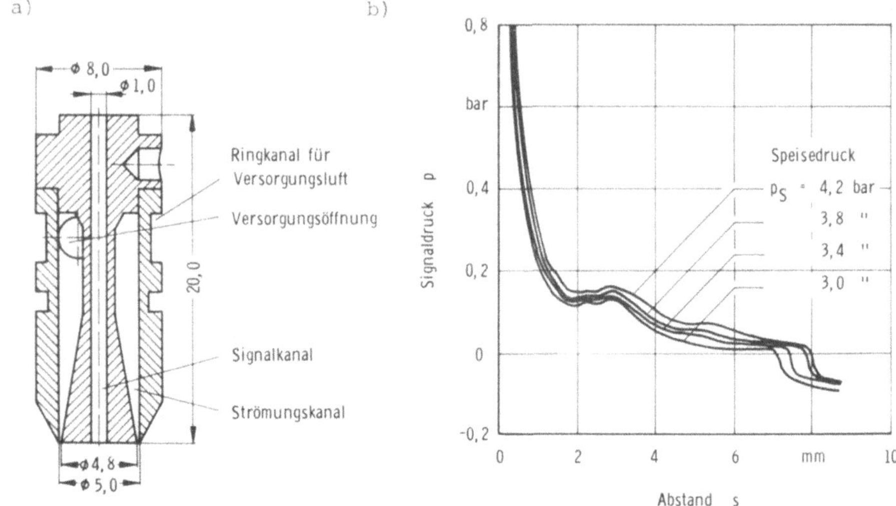

Bild 3.8: Mantelstrahldüse für den unterkritischen Betriebszustand zur Verwendung als Werkstückdetektor;
a) konstruktive Auslegung;   b) Signalkennlinien.

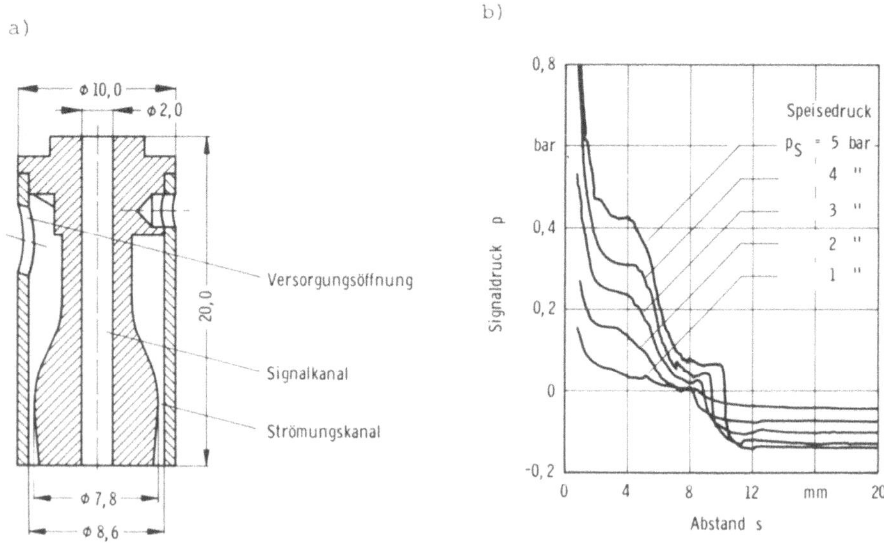

Bild 3.9: Mantelstrahldüse für den überkritischen Betriebszustand (nach De LAVAL) zur Verwendung als Werkstückdetektor;
a) konstruktive Auslegung;   b) Signalkennlinien.

geschwindigkeit an die Schallgeschwindigkeit, offenbar keine Steigerung der Reichweite durch die Erhöhung des Speisedrucks mehr möglich ist (Bild 3.10). Der Drucksprung bei p_S = 5 bar beträgt 200 mbar, 2,5 mal soviel wie bei der unterkritischen Düse.

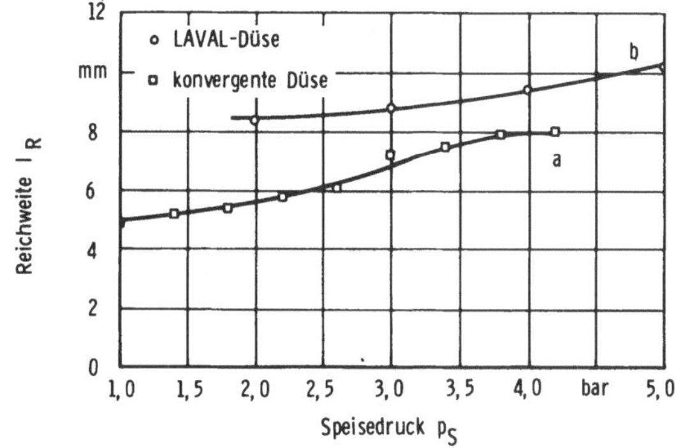

Bild 3.10: Einfluß des Speisedrucks auf die Reichweite zweier Mantelstrahldüsen.

Bild 3.11 zeigt den Luftdurchsatz der beiden untersuchten Düsen bei unterschiedlichen Speisedrücken. Oberhalb des Speisedrucks von 3 bar wurden beide Kurven extrapoliert. Angenähert kann gesagt werden, daß über dem dargestellten Druckbereich die LAVAL-Düse fast drei mal so viel Luft benötigt wie die konvergente Mantelstrahldüse. Unter der Annahme eines jeweils optimalen Speisedrucks müssen für den Betrieb eines aus zwei LAVAL-Düsen bestehenden Werkstückdetektors mindestens 40 m³/h, bei sechs derartigen Düsen schon 120 m³/h Umgebungsluft aufgewendet werden. Ein mit unterkritischen Düsen bestückter Detektor benötigt im ersten Fall nur 12 m³/h und im zweiten Fall 36 m³/h Luft bei Umgebungsbedingungen. Wenn der Werkstückdetektor auch nur jeweils nur kurze Zeit - nämlich während des Anfahrens - in Betrieb ist, so daß die insgesamt benötigte Luftmenge zeitlich gemittelt in vertretbaren Grenzen bleibt, muß doch berücksichtigt werden, daß die Einleitung eines kurzzeitig recht großen Luftstroms in den bewegten Teil der Fräsmaschine entsprechende Kanalquerschnitte verlangt, die ohne einschneidende Umbauten nicht zu realisieren sein werden.

Allen pneumatischen Sensoren ist ein mehr oder weniger ausgeprägtes Signalrauschen eigen, dessen Amplitude vom Speisedruck, von der Temperatur der strömenden Luft, von der Geometrie des Strömungska-

nals, vom Objektabstand, aber auch von der Form und vom Volumen des
Signalkanals abhängt. Es ist bekannt, daß sich durch Zwischenschal-
ten eines Dämpfungsvolumens das Rauschen verringern läßt, daß aber
andererseits das Zeitverhalten durch diese Maßnahme ungünstiger
wird /62,63/. Für die Funktion der Düsen im vorliegenden Einsatzfall
ist entscheidend, daß der Signalimpuls im Annäherungsfall genügend
weit oberhalb der Rauschamplitude liegt. Nur dann kann die Schaltschwelle so hoch gelegt werden, daß ein unbeabsichtigter Annäherungsalarm durch Rauschspitzen ausgeschlossen ist.

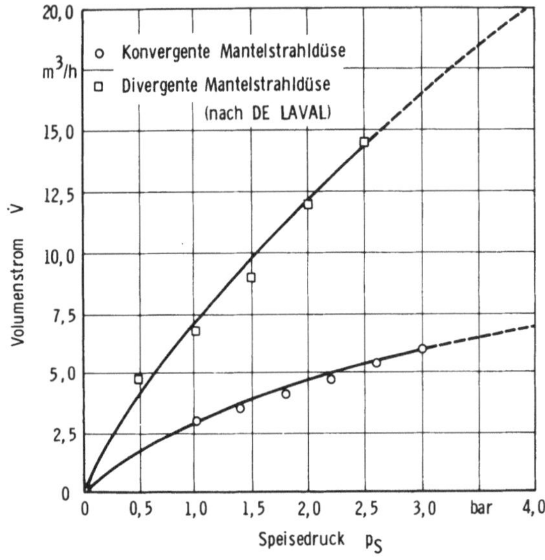

Bild 3.11: Volumenstrom im Freistrahl zweier Mantelstrahl düsen in Abhängigkei vom Speisedruck.

Für die experimentelle Ermittlung der Rauschamplitude (vgl. 2.5.2)
beider Düsen wurde ein miniaturisierter Halbleiterdruckwandler[†] mit
integriertem Signalverstärker verwendet. Sein lichtes Eigenvolumen
beträgt ungefähr 765 mm³ und ist nicht ohne weiteres zu verringern.
Einschließlich des Volumens der Signalkanäle belief sich damit das
gesamte Totvolumen auf annähernd 1400 mm³ und war für beide Düsen
nahezu gleich groß (Toleranz: 10 mm³). Im Freistrahlbetrieb ($s \to \infty$)
lag die Rauschamplitude der unterkritischen Düse bei 8 mbar und die
Frequenz bei 500 Hz, bei der LAVAL-Düse wurde für die Amplitude 18
mbar, für die Frequenz 1000 Hz ermittelt. Damit liegen die in Bild
3.8 und Bild 3.9 erkennbaren Drucksprünge ungefähr um den Faktor 10
über der Rauschamplitude, eine weitergehende Signalfilterung ist
also überflüssig.

[†] Es handelt sich um den Typ LX-1604 G von National Semiconductor,

Die Anordnung der Tastfühler im Werkzeug bringt es mit sich, daß
der Antastvorgang - infolge der Werkzeugrotation - lateral erfolgt.
Der Signalverlauf beim quasi-statischen, seitlichen Überstreichen
eines Rechteckprofils ergibt einen Signalverlauf, wie er in Bild
3.12 für die überkritische Mantelstrahldüse in Abhängigkeit vom
lateralen Abstand der Objektkante von der Düsenachse wiedergegeben
ist. Als Parameter ist der axiale Objektabstand (Spaltweite) dargestellt. Die Kurve wurde bei einem Speisedruck von 5,0 bar aufgezeichnet.

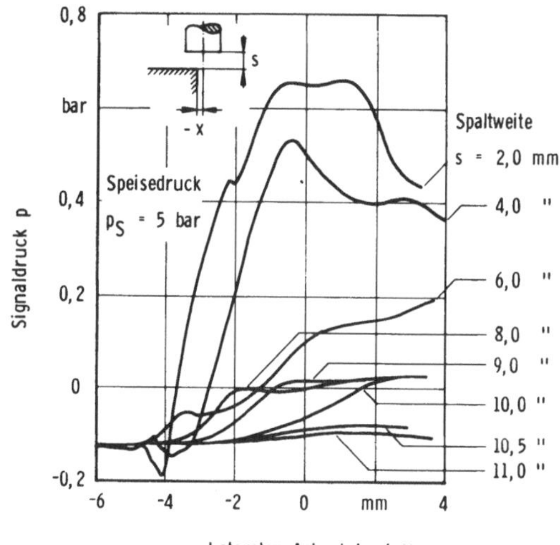

Bild 3.12: Signalver-
lauf beim lateralen
Überfahren eines
Rechteckprofils mit
einer überkritischen
Mantelstrahldüse bei
kleiner Geschwindig-
keit (v → 0).

Bild 3.12 vermittelt einen Eindruck von der Querempfindlichkeit
der untersuchten Düse, während Bild 3.13 den sensitiven Bereich
beim lateralen Anfahren darstellt. Die Bereichsgrenzen wurden in
betraglicher Übereinstimmung mit den Drucksprüngen der Bilder 3.8
und 3.9 festgelegt. D.h., der sensitive Bereich der unterkritischen
Düse beginnt dort, wo eine Signaländerung von 80 mbar gegenüber dem
Druck bei ungestörter Freistrahlströmung erfolgt ist. Das Entsprechende gilt für die LAVAL-Düse; hier beträgt die Signaländerung
jedoch 200 mbar. Es fällt auf, daß der Überschallstrahl (b) nicht
nur in Achsrichtung, sondern mehr noch quer zur Düsenachse bedeu-
tend länger stabil bleibt als der Unterschallstrahl. Dieses Ergebnis
erklärt sich aus der höheren kinetischen Energie der Gasmolekeln,
die sehr viel mehr "Bremsweg" benötigen als die "Unterschallmole-
keln".

Die in den Bildern 3.12 und 3.13 dargestellten Ergebnisse wurden
bei orthogonaler Objektantastung gewonnen, d.h. die Düsenachse war
jeweils in einem Winkel von 90° zur Objektoberfläche ausgerichtet.
Dieser Antastfall gilt gemeinhin als der günstigste, was die Signalhöhe anlangt, kann im hier diskutierten Anwendungsfall jedoch nicht
unbedingt garantiert werden.

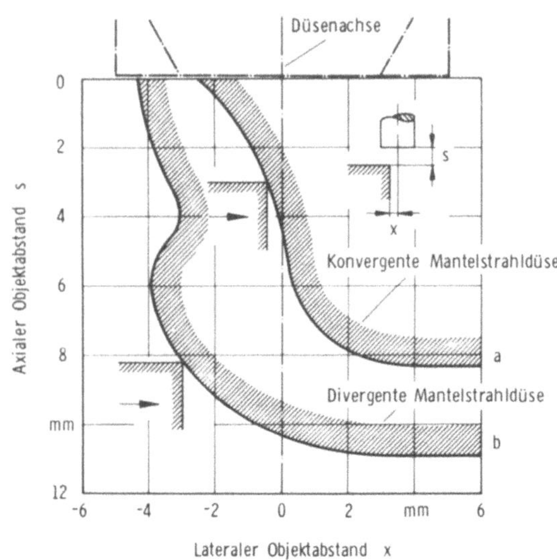

Bild 3.13: Sensitive Zone einer unterkritischen (a) und einer überkritischen Mantelstrahldüse (b) beim Anfahren an ein Rechteckprofil mit geringer Geschwindigkeit ($v \rightarrow 0$).

Eine große Zahl von Versuchen über den Einfluß des Anstellwinkels
erbrachte wohl eine Fülle von Einzelergebnissen, aus denen jedoch
kein eindeutiger Gesamtzusammenhang zu erkennen ist. Vor allem kann
nicht gefolgert werden, die bei einer bestimmten Spaltweite s erreich-
bare Signalhöhe werde mit zunehmendem Anstellwinkel ψ geringer. Je
nach Spaltweite, lateralem Objektabstand und Anstellwinkel können
sich gerade bei der Mantelstrahldüse - gegenüber dem orthogonalen
Antastfall - völlig veränderte Strömungsbilder ergeben, die oft
überraschende Signaleffekte - nicht selten eine deutliche Signal-
verstärkung - bewirken. Der teilweise konfuse Verlauf der gewonnenen Kurven läßt keine sichere Deutung zu, so daß darauf verzichtet
wurde, weitere Untersuchungen in dieser Richtung vorzunehmen. Statt-
dessen wurde - wie nachfolgend ausführlich beschrieben - das dynamische Verhalten der beiden Düsen untersucht, das dem realen Einsatzfall ja näherkommt.

3.4.2 Dynamisches Verhalten

Infolge des nahezu radialen Einbaus diskreter Tastfühler im Fräswerkzeug ist die Signalbildung bei der Werkstückannäherung ein dynamischer Vorgang. Die begrenzte Anzahl gleichartiger Fühler im rotierenden Werkzeug führt dazu, daß die Werkzeugantastung nur in relativ kurzen, zyklisch aufeinanderfolgenden Intervallen erfolgen kann. Um diese diskreten Einzelintervalle zu einem nahezu geschlossenen Kontrollraum zu verdichten, bedarf es - bei gegebener Tastfühlerbestückung - einer möglichst hohen Tastfrequenz, die offenbar jedoch zur Verkürzung der Einzelintervalle führt. Damit stellt sich sogleich die Frage nach dem Zeitverhalten der als Tastfühler verwendeten Mantelstrahldüsen. Es war Zweck der nachfolgend geschilderten Versuche, verläßliche Daten über diese wichtige Sensoreigenschaft zu gewinnen.

3.4.2.1 Eine Versuchseinrichtung zur Simulation des instationären Betriebs

Die für die Entwicklung eines Verschleißsensors erstellte Versuchseinrichtung, deren Aufbau und Funktionsweise in 2.5.1 eingehend beschrieben worden ist, konnte in wesentlichen Teilen auch für die Untersuchung wichtiger Eigenschaften der Tastfühler für den Werkstückdetektor verwendet werden. Einige Besonderheiten sollen an dieser Stelle behandelt werden.

Bild 3.14 zeigt die nach Bild 2.10 modifizierte Versuchsanordnung für eine näherungsweise radiale Objektantastung. Die exakte Antastrichtung ist über den Anstellwinkel ψ in gewissen Grenzen einstellbar. Beliebig veränderbar ist ferner der Objektabstand s, der dem früher eingeführten Begriff "Spaltweite" (vgl. 2.5.2) entspricht. Schließlich sind die Objekte K austauschbar, so daß auch die Objektbreite b in beliebiger Stufung variiert werden kann. Die Drehscheibe mißt, wie früher bereits erwähnt, 200 mm im Durchmesser und wird von einem Drehstrommotor mit nachgeschaltetem, verstellbarem Flüssigkeitsgetriebe angetrieben. Auf diese Weise läßt sich die Drehzahl stufenlos zwischen den Werten 150 min^{-1} und 1300 min^{-1} einstellen. Da sie mit jeder Messung simultan zu den Druckwerten erfaßt wurde (vgl. 2.5.1), konnte auf besondere Anforderungen bezüglich ihrer zeitlichen Konstanz verzichtet werden.

Für die Signalwandlung kam erneut der in 2.5.1 ausführlich beschriebene Druckwandler zum Einsatz. Die sich rasch ändernden Signale wurden - simultan mit dem Photodiodensignal, das die momentane Umfangsgeschwindigkeit der Drehscheibe erfaßt - zum einen auf ein Zweikanaloszilloskop, zum andern auf einen gleichfalls zweikanaligen Digitalspeicher mit einer Zeitkonstanten von 2 µs und einer Speicherkapazität von jeweils 1000 Werten gegeben. Auf diese Weise gelang die Beobachtung auch kurzzeitiger Signalbewegungen bis herunter in den µs-Bereich. Der Digitalspeicher bot darüber hinaus den Vorzug, die gespeicherten Werte gleichsam im Zeitlupentempo beliebig oft ausgeben zu können, so daß die Signalverläufe bequem und anschaulich mittels x/y-Koordinatenschreiber dokumentiert werden konnten.

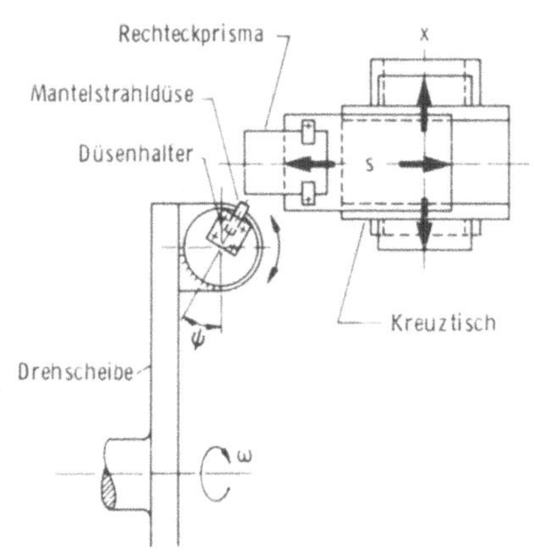

Bild 3.14: Versuchsanordnung zur Untersuchung des dynamischen Verhaltens pneumatischer Mantelstrahldüsen.

3.4.2.2 Zeitverhalten

Die ersten Versuche galten der Frage, welche Relativgeschwindigkeit v_u (Bild 3.15) die Mantelstrahldüse zu bewältigen in der Lage ist.

In Bild 3.15 sind zwei Signalverläufe dargestellt, wie sie sich ergeben, wenn der Sensor mit der Geschwindigkeit v_u an einem Rechteckprisma mit der Breite b und der Länge h ≫ b vorbeibewegt wird. U = U (t) stellt sich bei Verwendung eines trägheitslosen Sensors mit unendlich großer Querempfindlichkeit (punkthafte Antastcharakteristik) ein. Dieser Verlauf stellt im Grunde eine zeitliche Abbildung des angetasteten Profils dar, wobei die Einstellzeit T_{EU} = 0 ist. p = p (t) beschreibt die trägheitsbehaftete Objektab-

bildung bei Verwendung einer Mantelstrahldüse. Hierbei sind zwei
Phasen zu unterscheiden: T_V ist die Verzugszeit, die eine unmittelbare Folge der Signallaufzeit ist, T_L die eigentliche Anstiegszeit,
die den mit endlicher Geschwindigkeit ablaufenden Druckanstieg in
der Meßkammer wiedergibt (vgl. 2.5.3.3).

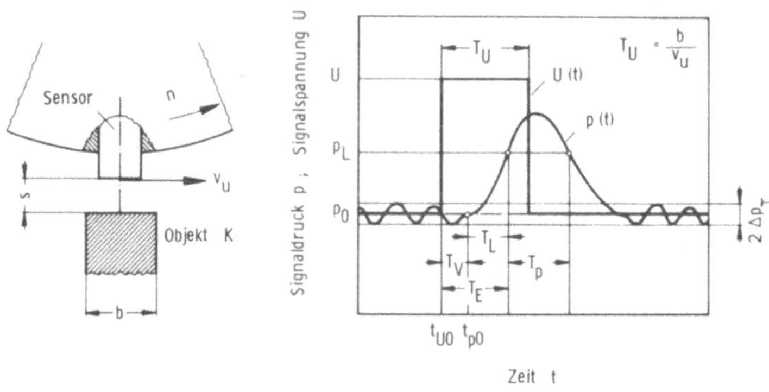

Bild 3.15: Zusammenhang zwischen Einstellzeit T_E, Verzugszeit T_V
und Anstiegszeit T_L beim Überfahren eines Rechteckprismas.

Die zur Verschleißmessung verwendete Mantelstrahldüse wurde in
einem weit geringeren Arbeitsbereich (500 bis 700 µm) betrieben
als die zur Signalisierung der Werkstückannäherung benutzte Varian-
te (< 10 mm). Im Nahbereich liegen die auftretenden Signaldrücke
aber weit höher als an der Grenze der Reichweite einer Düse. Infol-
gedessen erreichen die Drucksprünge im intermittierenden Meßbetrieb
ungleich höhere Werte als im Annäherungsfall (vgl. Bild 3.9 bzw.
Bild 2.7). Beim Verschleißsensor traten Drucksprünge bis 1,2 bar
(für s = 0,5 mm), beim Werkstückdetektor im Annäherungsfall (s =
8 mm bzw. 10 mm) nur mehr 80 bzw. 200 mbar auf. Geht man davon aus,
daß im Annäherungsfall eine Signalhöhe, die den sechsfachen Wert
der Rauschamplitude Δp_T (vgl. 3.4.1) annimmt, zur sicheren Erzeugung des Annäherungssignals ausreicht, so genügt bei der unterkritischen Düse ein Signalsprung von ca. 25 mbar, bei der LAVAL-Düse
von 55 mbar. Als Anstiegszeit soll diejenige Zeitspanne T_L definiert werden, die das Sensorsignal benötigt, um bei unendlich schnel-
ler Werkstückannäherung von p_0 auf p_L zu gelangen (Bild 3.15).

Die experimentelle Bestimmung der Verzugszeit T_V erwies sich als schwierig, weil jede Mantelstrahldüse eine wenig ausgeprägte Querempfindlichkeit aufweist, die ihrerseits von Speisedruck, Objektabstand, Objektgeometrie und Antastrichtung abhängt. Eine Zuordnung des Zeitpunkts t_{p0} (Beginn des Anstiegs nach Bild 3.15) zu einem geometrischen Ort der Düse (z.B. Achsdurchstoßpunkt) ist also kaum möglich. Andererseits ist der Zeitpunkt t_{U0}, der den Signalsprung eines idealen Sensors kennzeichnet, nicht realisierbar, so daß im Realfall kein Bezugspunkt existiert. Wenn aber, wie oben angenommen wurde, die Verzugszeit mit der Signallaufzeit identisch ist, muß sie unabhängig von der Relativgeschwindigkeit v_u sein, da der Signalweg eine konstante Größe ist und die Ausbreitungsgeschwindigkeit der Druckfront unveränderlich ist. Das bedeutet, daß die Verzugszeit experimentell nur durch die definierte Änderung des Signalwegs, nicht jedoch durch die Änderung der Antastgeschwindigkeit bestimmbar ist. Sie läßt sich indessen nur relativ, d.h. als Differenz zu einem vergleichbaren Signalweg, nicht absolut ermitteln. Eine theoretische Abschätzung zeigt, daß die Verlängerung des Signalwegs um 1 mm eine Erhöhung der Verzugszeit um ca. 3 µs bewirkt. Eine derartig kurze Zeitspanne war aber mit der gegebenen experimentellen Ausrüstung nicht auflösbar[†]. Bei der Bahngeschwindigkeit v_u = 14 m/s, die im späteren Einsatz mit Werkzeugen vergleichbarer Größe nicht erreicht werden dürfte, entspricht diese zeitliche Nacheilung einem Weg von weniger als 50 µm. In derselben Zeitspanne aber verringert sich der Abstand zwischen Werkzeug und Werkstück bei der maximalen Anfahrgeschwindigkeit $u_{A,max}$ = 10 m/min um ca. 0,5 µm. Geht man von einer Erhöhung des Objektabstands um 5 mm aus, so nimmt der Signalweg offenbar um den gleichen Betrag zu. Alle angegebenen Werte vervielfachen sich demnach um den Faktor 5. In jedem realistisch denkbaren Fall bleibt der Wegrückstand also im Bereich weniger µm. Unter den gegebenen Umständen darf daher die Signallaufzeit vernachlässigt werden, so daß für die gesamte Einstellzeit

$$T_E = T_V + T_L \approx T_L \qquad (3.27)$$

geschrieben werden kann.

[†] Die Zeitkonstante des Digitalspeichers für einen der 1000 Einzelwerte konnte aus Gründen der Signaltriggerung nicht kleiner als 5 µs gewählt werden. Die Auflösungsgrenze muß sogar noch höher (10 bis 15 µs) angesetzt werden, um Fehler durch die Digitalisierung auszuschließen.

Die Signalanstiegszeit T_L kann nur dann als reine Sensoreigenschaft betrachtet werden, wenn das Signal selbst gleichsam als Sprungantwort auf eine unendlich schnelle Annäherung entsteht. Dieser Fall läßt sich experimentell jedoch nicht darstellen. In Wirklichkeit läuft die Annäherung so ab, daß der Sensor mit der endlichen Geschwindigkeit v_u am Objekt vorbeistreicht, so daß sich wegen der Ausdehnung der sensitiven Zone in lateraler Richtung auch bei trägheitsfreier Signalbildung kein Sprungsignal einstellt (Bild 3.16).

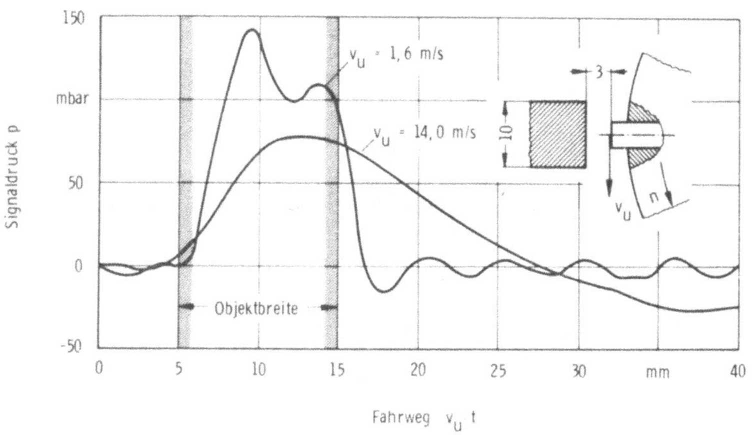

<u>Bild 3.16:</u> Signalverlauf über dem Fahrweg einer unterkritischen Mantelstrahldüse beim Überfahren eines Rechteckprismas.

Für die beiden untersuchten Düsen ergaben nun die in 3.4.1 beschriebenen Untersuchungen, daß - im statischen Fall - ungefähr in Höhe der Querkoordinate $x = 0$ (Bild 3.12), wo Düsenachse und Objektkante fluchten (halbe Überdeckung) für $s = 10$ mm gerade die zur Auslösung eines Schaltsignals erforderliche Signaländerung erreicht wird. Der Anstieg beginnt allerdings schon vorher, bei der LAVAL-Düse etwa im Bereich -4 mm $< x < -2$ mm, also bei einem lateralen Kantenabstand 2 bis 4 mm von der Düsenachse, bei der unterkritischen Düse für $s = 8$ mm bei etwa $x \approx -1$ mm, also bei 1 mm Kantenabstand von der Düsenachse. Dieser Anstieg findet sich beim dynamischen Antasten mit hoher Relativgeschwindigkeit $v_u > 10$ m/s wieder, wenn der Druckanstieg im austretenden Luftstrahl vor der

Düse sich mit der gleichen Geschwindigkeit vollzieht wie der Druckanstieg an der Meßstelle vor der Membran des Druckwandlers. Steigt
der Druck an der Abtaststelle so rasch an, daß ein Ausgleich bis
zum Druckwandler nicht quasi-simultan erfolgt, so ergibt sich eine
sensorspezifische Nacheilung. In diesem Fall läßt sich die Anstiegszeit T_L des Sensors am Ausgang des Druckwandlers ermitteln.

Tatsächlich wurde T_L im Experiment bei der höchstmöglichen Relativgeschwindigkeit v_u = 14 m/s ermittelt. Die Ergebnisse sind in
Tabelle 3.3 wiedergegeben. Wie sich zeigt, übertreffen die Werte
die anfangs getroffenen Annahmen bei weitem. Der Grund hierfür sind
die relativ geringen Signaländerungen, die ausreichen , um ein Annäherungssignal zu erzeugen. Die LAVAL-Düse schneidet offensichtlich, trotz der höheren erforderlichen Signaländerung, deshalb besser als die unterkritische Düse ab, weil sie aus einem 2,5-fach höheren Druckgefälle "schöpft" (Bild 3.8 und Bild 3.9).

	Differenzschaltdruck p_L [bar]	Anstiegszeit T_L [s]
Unterkritische Düse	$25 \cdot 10^{-3}$	$0,3 \cdot 10^{-3}$
LAVAL-Düse	$55 \cdot 10^{-3}$	$0,1 \cdot 10^{-3}$

Tab. 3.3: Signalanstiegszeit verschiedener Mantelstrahldüsen
beim Überfahren eines Rechteckprismas mit einer Relativgeschwindigkeit v_u = 14 m/s.

Bild 3.16 veranschaulicht, wie dieselbe unterkritische Mantelstrahldüse ein Rechteckprisma bei verschiedenen Relativgeschwindig-
keiten abbildet. Im Versuch wurden die Kurven über der Zeit t im
Objektabstand s = 3 mm bei v_u = 1,6 m/s und v_u = 14 m/s aufgezeichnet, anschließend punktweise transformiert und über dem Fahrweg
$L = v_u \cdot t$ dargestellt, um die Verläufe direkt vergleichen zu können. Deutlich ist zu erkennen, daß der Sensor auch bei langsamer
Bewegung die Objektkontur etwas überzeichnet, was auf Trägheits-
einflüsse schließen läßt. Die höhere der beiden Relativgeschwindig-
keiten führt indessen zu einer derart verzerrten Abbildung des
Prismas, daß die Lage der Kanten nicht einmal mehr näherungsweise
zu bestimmen ist. Dennoch ist auch in diesem Fall die Erzeugung
eines Annäherungssignals zuverlässig möglich. Zusammenfassend

darf also festgehalten werden, daß die insgesamt zu erwartenden
Einstellzeiten auf Grund der niedrigen Schaltschwellen bei beiden
Düsen weit unter dem zunächst erwarteten Wert liegen (vgl. Tab. 2.1).

Eine ganz andere Frage wirft die Einbaulage der Düsen auf. Schon
aufgrund der beträchtlichen Querabmessungen der Düsen und der vergleichsweise beschränkten Querausdehnung ihres Tastbereichs ist es
kaum vorstellbar, daß eine exakt radiale Einbaulage einen Kontrollraum ausreichender Größe um das Werkzeug erzeugt. Vielmehr besteht
die Gefahr, daß die Schneidplatten den Kontrollraum nach unten unzulässig weit überragen. Die optimale Einbaulage, so ist zu vermuten,
dürfte daher irgendwo zwischen radialer und axialer Ausrichtung
liegen. Unter welchem Winkel die Düsen gegen die Schneidkreisebene
geneigt sein sollten, werden die im folgenden geschilderten Versuche
zeigen.

Zunächst sei vorweggenommen, daß die experimentellen Untersuchungen ausschließlich an der unterkritischen Düse vorgenommen wurden, nachdem offenbar geworden war, daß die Bereitstellung eines
so großen Luftstroms, wie er zum Betrieb der LAVAL-Düse notwendig
gewesen wäre (40 m³/h, bezogen auf Umgebungsbedingungen, im Freistrahlbetrieb), aufgrund des beschränkten Raumangebots im Bereich
der Frässpindel keinesfalls möglich wäre.

3.4.2.3 Wirkung der Antastrichtung

Zur Ermittlung der optimalen Antastrichtung wurde als Werkstück
ein prismatischer Metallkörper mit orthogonalen Begrenzungsflächen
verwendet, der in drei Achsen translatorisch verschiebbar gelagert
war (Bild 3.14). Die Düse wurde im Versuch auf einer Kreisbahn mit
Durchmessern zwischen 150 und 200 mm - je nach eingestelltem Antast-
winkel - mit Bahngeschwindigkeiten zwischen 10,5 und 14 m/s bewegt.
Die Antastkonfiguration Werkstück-Düse-Werkzeug ist in Bild 3.17
vereinfacht dargestellt. Die Koordinatenangaben beziehen sich jeweils auf die der Düse nächste Werkstückkante, wobei der Koordina-
tenursprung im Durchstoßpunkt der Düsenlängsachse durch die Düsenstirnfläche liegt. Die eingezeichnete Sicherheitszone um die Düse
soll einer möglichen Beschädigung bei Schneidenbruch vorbeugen. Im
Falle des vollständigen Bruchs einer Schneide müßte die nachfolgen-
de Schneide die doppelte Spanleistung erbringen, bei s_z = 1 mm hätte

sie also einen Vorschub von 2 mm zu bewältigen. Da die Düse aufgrund
der Werkzeuggeometrie im Peripheriebereich zwischen zwei benachbar-
ten Schneiden lokalisiert ist, beträgt der Vorschub zwischen dem
Durchgang der letzten unbeschädigten Schneide und dem der Düse etwas weniger, im Mittel knapp 1,5 mm. Mit der erwähnten Sicherheitszone von 1,5 mm ist also auch dem Kollisionsschutz der Düse Rechnung getragen. Der Einbau der Düse in das Werkzeug hat sinnvoller-
weise so zu erfolgen, daß die äußere Begrenzung der Sicherheitszone
an keiner Stelle den durch die Schneiden beim Fräsen aufgespannten
Spanungsraum durchdringt (Bild 3.17).

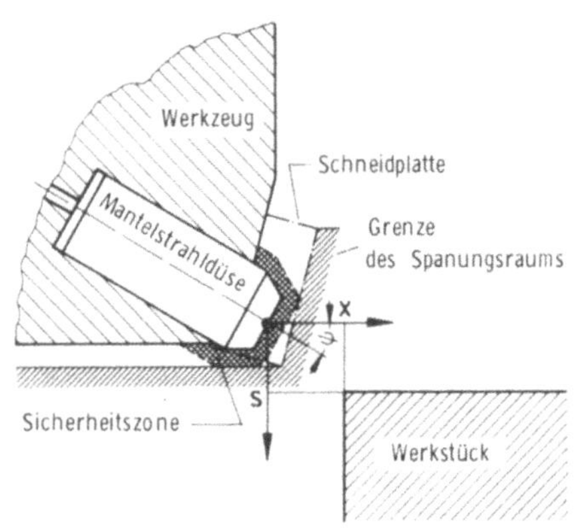

Bild 3.17: Antastkonfiguration zwischen Werkzeug, Mantelstrahldüse und prismatischem Werkstück bei unterschiedlichen Einbaulagen der Düse;

x radiale, s axiale Werkzeugkoordinate.

Im Versuch wurde das prismatische Werkstück von außen an den
durch die Mantelstrahldüse erzeugten Kontrollraum herangeführt, bis
sich ein Signalimpuls einstellte, der mindestens um das Vierfache
über der Rauschamplitude lag. Die zugehörigen Koordinaten x und s
der Werkstückkante in Bezug auf den Durchstoßpunkt der Düsenachse
(Bild 3.17) wurden dann festgehalten und dokumentiert. Bild 3.18
zeigt als Ergebnis dieser Untersuchungen, welchen Kontrollraum die
mit p_S = 3,8 bar betriebene, unterkritische Mantelstrahldüse bei
verschiedenen Einbaulagen aufspannt. Dargestellt sind die Verhältnisse bei Einbauneigungen im Bereich $0° \leq \psi \leq 40°$, wobei die ein-
gezeichneten Punktsymbole jeweils die Lage der Werkstückvorderkante
wiedergeben. Beachtet man die Sicherheitszone von 1,5 mm, so ergeben sich die in Tabelle 3.4 wiedergegebenen Schaltabstände.

Aus Bild 3.18 entnimmt man sogleich, daß eine einzige Einbaulage
nicht ausreicht, um den geforderten Kontrollraum aufzuspannen. Bei

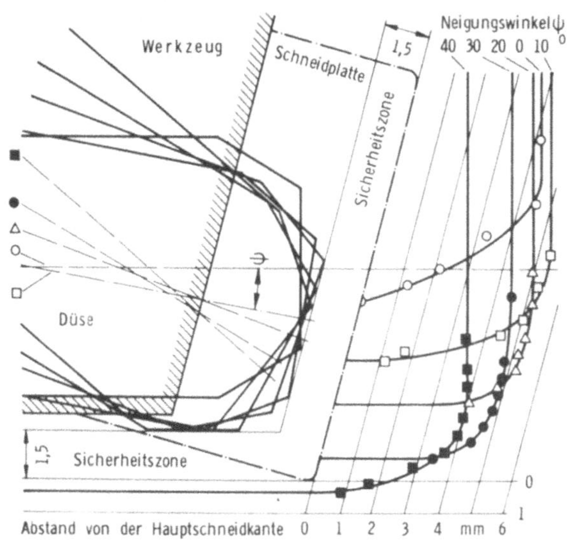

Bild 3.18: Kontrollraum (verebnet) der unterkritischen Mantelstrahldüse bei verschiedenen Einbaulagen im dynamischen Betrieb.

Maximaler Schaltabstand		
Einbaulage	x_{max} [mm]	s_{max} [mm]
20°	5,2	-2,9
30°	4,9	-0,5
40°	3,9	0,3

Tab. 3.4: Maximale Schaltabstände der unterkritischen Mantelstrahldüse bei verschiedenen Einbaulagen (dynamisch, nach Bild 3.18).

einer Neigung von 40° werden zwar die Schneiden auch nach unten umhüllt, die Reichweite in radialer Richtung ist mit 3,9 mm aber zu gering. Bei einer Neigung von 20° ergibt sich ein radialer Schaltabstand von 5,2 mm, die axiale Reichweite aber erstreckt sich nicht einmal bis zur Fräserstirnfläche. Die Preisgabe der Forderung, daß die Düse die Fräserstirnfläche keinesfalls durchstoßen darf, ermöglicht schließlich eine Einbaukonfiguration bei einem Neigungswinkel von ψ = 30°, die nach beiden Richtungen eine zufriedenstellende Reichweite ergibt. Da beim Stirnfräsen grundsätzlich lateral angefahren wird, kann die axiale Sicherheitszone um die Düsen noch

ein wenig verkürzt werden, ohne daß die Gefährdung für Düsen und
Werkzeug zunimmt. Mit einem axialen Sicherheitsabstand von 1 mm
schließt sich der Kontrollraum nun auch axial um die Schneiden.
Bild 4.18 zeigt die schließlich realisierte Einbaulage der Mantelstrahldüsen im Werkzeug.

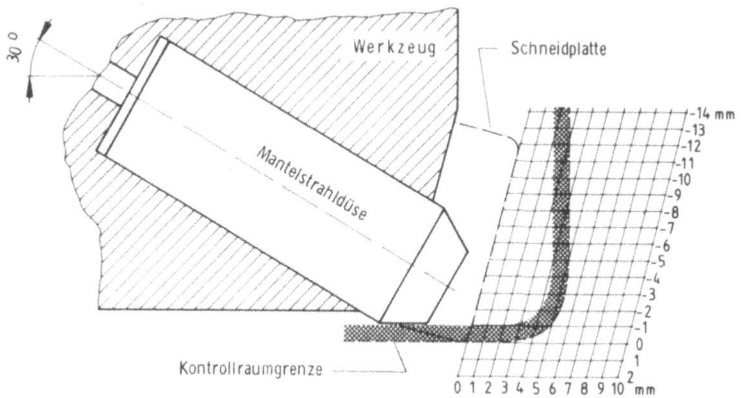

Bild 3.19: Optimale Einbaulage der Düse im Fräswerkzeug mit dem die
Schneiden vollständig umschließenden Kontrollraum.

3.4.3 Thermisches Verhalten

Aufgrund ihrer exponierten Einbaulage im Werkzeug (Bild 2.19)
sind die beiden als Werkstückdetektor eingesetzten Mantelstrahldüsen einer höheren thermischen Beanspruchung ausgesetzt als die
Verschleißmeßdüse. In 2.5.4 wurde bereits erwähnt, daß im Prozeß
in der näheren Umgebung der Schneidplatten Temperaturen um 120 °C
gemessen worden sind. In ungünstigen Fällen werden die Mantelstrahldüsen also ähnlich hohe Temperaturen annehmen. Erleichternd
dürfte aber ins Gewicht fallen, daß die hier verwendeten Mantelstrahldüsen mit vergleichsweise großem Luftdurchsatz arbeiten, um
eine hohe Reichweite zu erzielen. Bei unveränderten äußeren thermischen Bedingungen aber verstärkt dieser die Wärmeabfuhr, so daß
sich ein neues thermodynamisches Gleichgewicht auf niedrigerem
Temperaturniveau einstellt. Dies wirkt einer extremen Aufheizung
der Düsen entgegen.

Experimentelle Untersuchungen erbrachten eine ausgeprägte Abhängigkeit der Reichweite beider Mantelstrahldüsen von deren Eigentemperatur. Bild 3.20,a gibt den Temperaturgang der Reichweite in normierter Darstellung wieder; Bezugsgröße ist die Reichweite bei Umgebungstemperatur. Offenbar nimmt die Reichweite mit steigender Temperatur ab, und zwar verstärkt mit wachsendem Speisedruck. Überraschend ist das ausgeprägte Minimum, das jedoch im hier interessanten Bereich ohne Bedeutung ist. Für den Speisedruck p_S = 4 bar beträgt der Reichweitenverlust bei einer Düsentemperatur von 120 °C ca. 2,8 %, entsprechend 0,224 mm bei der Bezugsreichweite l_R = 8 mm.

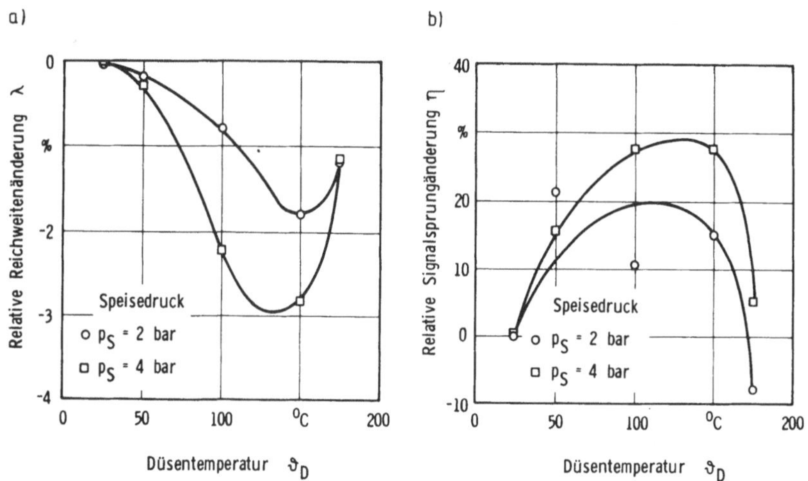

<u>Bild 3.20:</u> Relative Änderung von Reichweite und Signalsprung in Abhängigkeit von der Düsentemperatur, bezogen auf Umgebungsbedingungen.

Die Reichweite der Mantelstrahldüsen, nach 3.4.1 durch den Nulldurchgang der Kennlinien charakterisiert, ist nur dann nutzbar, wenn der Signalsprung bei l_R ausreichend groß ist. Er beträgt bei der verwendeten Düse für den Speisedruck p_S = 4,2 bar ca. 80 mbar. Wie sich der Drucksprung in Abhängigkeit von der Düsentemperatur ändert, ist in Bild 3.20,b dargestellt. Über der Düsentemperatur ist hier die relative Änderung des Drucksprungs, bezogen auf die Verhältnisse bei Umgebungsbedingungen, aufgetragen. Im hier interessanten Bereich nimmt die Höhe des Signalsprungs deutlich zu, und zwar für höhere Drücke wieder ausgeprägter. Bei einer Düsentemperatur von 120 °C beträgt die Zunahme 29 %, entsprechend 23 mbar für

den Bezugssignalsprung, so daß sich rechnerisch ein Drucksprung von
103 mbar bei der genannten Temperatur ergibt.

Die Erwärmung der Düsen, so ist zu folgern, führt zu einer ver-
nachlässigbaren Verringerung ihrer Reichweite, bewirkt aber eine
unerwartet große - und durchaus erwünschte - Verstärkung des Signal-
impulses bei der Werkstückdetektion und damit eine Steigerung der
Funktionssicherheit des Werkstückdetektors.

3.5 Aufbau und Funktionsweise

Die vorstehend behandelten Experimente hatten die grundsätzliche
Eignung der Mantelstrahldüse als Werkstückdetektor für den Fräsprozeß erwiesen. Ob sie den extremen Anforderungen des praktischen Fräs-
betriebs gewachsen sein würde, mußte sich beim Einsatz in einem AC-
Frässystem zeigen. Über Maßnahmen zur Integration des Sensors in das
gegebene System wird im folgenden berichtet. Im Hinblick auf hand-
habungs- und maschinenseitige Anforderungen gelten die Ausführungen
in 2.6.

3.5.1 Konstruktiver Aufbau

Der Werkstückdetektor besteht aus zwei gleichartigen Mantelstrahldüsen mit jeweils 5,6 mm Strahldurchmesser in nahezu diametraler
Anordnung im Werkzeug (vgl. Bild 2.19). Beide Düsen sind um 30 °
gegen die Bearbeitungsebene geneigt, um den sensitiven Bereich
über die Nebenschneiden hinaus ausdehnen zu können. Die Versorgung
erfolgt aus dem Druckluftnetz über einen Feindruckregler, die Luft-
zuführung ist auf die gleiche Weise gelöst wie im Falle des Verschleißsensors (Bild 2.18). Als Arbeitsdruck wurden 4,2 bar gewählt;
ein Speisedruck, der sich nach 3.4.1 als optimal erwiesen hat. Auch
die Übertragung aller elektrischen Spannungen wurde in der bereits
ausführlich geschilderten Weise gestaltet. Zur Wandlung des Drucksignals in eine analoge elektrische Spannung fiel die Wahl auf denselben Druckwandlertyp, der im 2. Kapitel vorgestellt worden ist.
Allein die Signalverarbeitung unterscheidet sich grundlegend von
der oben beschriebenen, wie im folgenden gezeigt wird.

3.5.2 Signalverarbeitung

Wie die elektronische Auswerteschaltung für den Verschleißsensor
(vgl. 2.6.2) befindet sich die Signalverarbeitungselektronik auf
dem rotierenden Teil der Versuchseinrichtung, um mögliche Störungen

durch die Übertragung kleiner Spannungen über den Schleifringüber-
trager zu vermeiden. Dringt ein Werkstück in den bei rotierendem
Werkzeug vom Werkstückdetektor aufgespannten Kontrollraum ein, so
erzeugt dieser einen Signalimpuls, wie er in Bild 3.21 zu sehen ist.
Dieser wird vom Druckwandler in einen analogen Spannungsimpuls um-
gesetzt, der in dieser Form jedoch für die Maschinensteuerung nicht
verwertbar ist. Die Aufgabe der Signalverarbeitung ist daher, die
periodischen Spannungsimpulse in ein Konstantspannungssignal umzu-
wandeln, so daß eine Ja-/Neinentscheidung getroffen werden kann.

Das Analogsignal wird zunächst über eine AC-Koppelstufe mit einer
Zeitkonstanten von 0,1 s einem Impedanzwandler mit zweifacher Span-
nungsverstärkung zugeführt. Ein einfaches RC-Glied mit einer Grenzfrequenz von 1 kHz unterdrückt den größten Teil des Rauschens, so
daß dem Auslösen eines Fehlalarms vorgebeugt ist. Nun vergleicht
ein Komparator die eintreffende Signalspannung kontinuierlich mit
einer fest eingestellten Referenzspannung und steuert, im Falle einer
Überschreitung dieser Spannung, eine nachtriggerbare Kippstufe an.
Diese erzeugt am Signalausgang für eine vorgebbare Zeitspanne, mindestens aber für 0,1 s, eine Konstantspannung von 5 V, um danach
wieder auf den Ruhewert 0 V zu springen. Wird innerhalb der vorgegebenen Zeitspanne erneut ein Spannungsimpuls eingeleitet, dessen
Wert an irgendeiner Stelle der Signalkurve die Referenzspannung über-
trifft, so bleibt am Ausgang der Signalverarbeitung die Konstantspannung von 5 V erhalten.

In der Versuchsanlage wurde dieses Signal über ein CAMAC-Interface
dem Prozeßrechner zugeführt, der - im Annäherungsfall - Befehl zum
Verzögern der Tischbewegung an die Maschinensteuerung gab. Zur vi-
suellen Kontrolle der Funktionsfähigkeit des Werkstückdetektors
wurde das Annäherungssignal zusätzlich mittels einer Leuchtdiode
(LED) sichtbar gemacht. Dies gestattete eine rasche Einstellung
der gewünschten Zeitspanne, während der das Annäherungssignal ge-
halten werden sollte.

3.5.3 Arbeitsweise

Der Werkstückdetektor arbeitet intermittierend, in zyklischer Antastung, d.h. notwendige Voraussetzung für seine Funktionsfähigkeit
ist eine ausreichend hohe Werkzeugdrehzahl. Im Betrieb überstreicht
er eine nach außen konvexe Kontrollfläche um die Schneidplatten, ähn-

lich einem Torus (Bild 3.17). Die beiden Mantelstrahldüsen des in
Bild 3.8 dargestellten Typs arbeiten bei einem Speisedruck von 4,2
bar besonders wirksam. An die Konstanz des Speisedrucks werden vergleichsweise bescheidene Ansprüche gestellt: Schwankungen im Bereich
$\bar{+}$ 0,2 bar sind unkritisch. Auch ein Einmessen, wie dies zum Betrieb
des Verschleißsensors unerläßlich ist, ist überflüssig. Allein die
Justage beim Einbau der Düsen und das Einstellen des Speisedrucks
verlangen einen geringen meßtechnischen Aufwand.

Der Detektor ist auch bei hohen Umfangsgeschwindigkeiten um 14 m/s,
was im Falle des hier verwendeten Wendeplattenfräsers mit einem
Schneiddurchmesser von 125 mm einer Drehzahl von ungefähr 2140 min^{-1}
entspricht, voll funktionsfähig. Allerdings darf die Werkstückbreite
ein Mindestmaß nicht unterschreiten, das in der Größenordnung des
Düsendurchmessers liegt. Zu geringe Werkstückausdehnung führt zum
Versagen des Sensors, weil sich der zur Signalbildung erforderliche Staudruck nicht aufbauen kann.

Bild 3.21 zeigt charakteristische Signalimpulse des Werkstückdetektors, wie sie beim Eindringen eines Rechteckprismas in den vom
Detektor aufgespannten Kontrollraum erzeugt werden. Die Kurven wurden von einer Oszilloskopaufzeichnung übernommen.

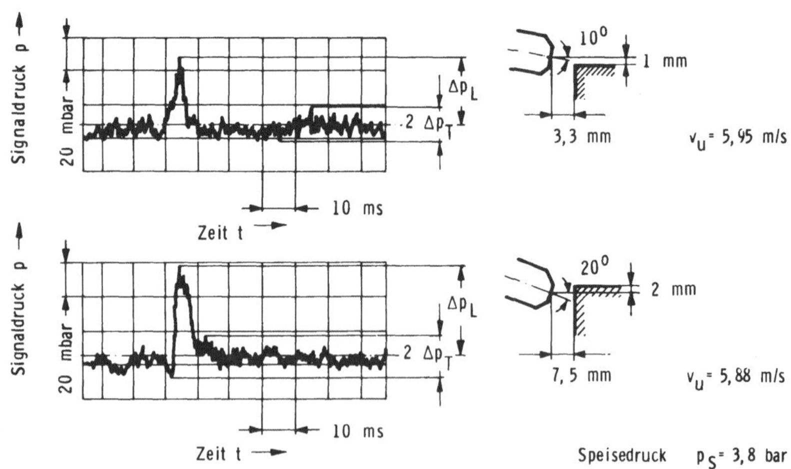

<u>Bild 3.21:</u> Charakteristische Signalimpulse des Werkstückdetektors
beim Eindringen des Werkstücks in den Kontrollraum;

v_u Bahngeschwindigkeit der Mantelstrahldüsen, Δp_T Rauschamplitude,
Δp_L Impulshöhe.

3.6 Betriebsverhalten

Nachdem der pneumatische Werkstückdetektor auf dem Prüfstand seine grundsätzliche Funktionsfähigkeit unter Beweis gestellt hatte, mußten Testläufe in der Fräsmaschine mit unterschiedlichen Anfahrgeschwindigkeiten zeigen, ob ein Einsatz im praktischen Fräsbetrieb gewagt werden durfte. Dabei diente zunächst ein quaderförmiger Block aus geschäumtem Hartpolystyrol als Werkstück, um Werkzeug und Maschine, aber auch den wertvollen Sensor nicht der Gefahr der Beschädigung oder Zerstörung auszusetzen.

3.6.1 Erfahrungen aus dem Versuchsbetrieb

In den Testläufen wurden die Anforderungen an das Leistungsvermögen des Werkstückdetektors durch die allmähliche Steigerung der Anfahrgeschwindigkeit bis zur Eilganggeschwindigkeit von 10 m/min bei der Maximaldrehzahl von 2000 min^{-1} immer mehr erhöht. Mit der in 3.5.1 beschriebenen Düsenanordnung erzielt man bei Höchstdrehzahl Tastintervalle um 15 ms, die nach Gl. (3.21) und mit Tab. 3.3 eine effektive Einstellzeit $T_E^* = 15,3$ ms ergeben. Setzt man in Gl. (3.24) den Sicherheitsabstand $l_{SZ} = 0$, so läßt sich mit den experimentell ermittelten Schaltabständen aus Bild 3.18 bzw. Tab. 3.4 die zulässige Anfahrgeschwindigkeit berechnen. Für die gewählte Einbauneigung $\psi = 30°$ entnimmt man aus Bild 3.18 einen radialen Schaltabstand von maximal $x_{max} = 4,9$ mm und minimal $x_{min} = 2,9$ mm, jeweils bezogen auf die Schneidplattenkontur. Mit diesen Werten liefert Gl. (3.24) im günstigeren Fall eine zulässige Anfahrgeschwindigkeit $u_{A,zul} = 7,7$ m/min und im ungünstigeren Fall $u_{A,zul} = 4,9$ m/min. Der geringe Schaltabstand tritt nach Bild 3.18 auf, wenn die Werkstückkontur nach oben wandert; sein Minimum liegt in der Nähe der oberen Schneidplattenecke. Dieser Fall tritt offenbar nur dann auf, wenn mit großer Schnittiefe gearbeitet wird. Bei einer Schnittiefe um 8 mm beträgt der Schaltabstand immerhin noch 4 mm, so daß sich mit den o.g. kinematischen Daten nach Gl. (3.24) die zulässige Anfahrgeschwindigkeit zu $u_{A,zul} = 6,5$ m/min ergibt. Nachdem die Eilganggeschwindigkeit nach oben auf 6 m/min begrenzt worden war, arbeitete der Werkstückdetektor während der Versuche zuverlässig. Bei sehr geringen Schnittiefen unterhalb 0,5 mm geschah es gelegentlich, daß kein Annäherungssignal erzeugt wurde, weil das Werkstück den Kontrollraum des Detektors nicht durchstoßen hatte. Aber selbst bei der Bearbeitung sehr harter Gußwerkstoffe kam es deswegen in keinem Fall zu Beschädigungen an Werkzeug, Maschine oder Düsen. Zum Schutz von Werkzeug und Maschine war das Frässystem im übrigen zusätzlich mit einem Anschnittsensor zur Überwachung der Schnittkräfte ausgerüstet /3/. Im Fall eines unzulässig steilen Anstiegs der Schnittkräfte während des Anschnitts veranlaßte das Regelsystem das sofortige Abschalten des Vorschubantriebs. Dennoch hing von der Funktionssicherheit des Werkstückdetektors bei hohen Anfahrgeschwindigkeiten viel für die Unversehrtheit des Werkzeugs ab. Deshalb wurde nachträglich ein Druckwächter installiert, der dem Prozeßrechner die Funktionsbereitschaft des Detektors meldete. Blieb die Meldung aus, wurde der Eilgang gesperrt.

3.6.2 Betriebs- und Leistungsdaten

Der vorstehend beschriebene Werkstückdetektor wurde in den abschließenden Versuchen mit den im folgenden angegebenen Betriebsdaten betrieben und erzielte nachstehende Leistungswerte:

Speisedruck	p_S	$= 4,2^{+0,2}_{-}$	bar	über Umgebungsdruck
Elektrische Versorgung	U_S	$= 15^{+0,1}_{-}$	V (=)	
Luftbedarf	$\dot{V}$	$= 15$	m³/h	bez. auf Normzustand
Reichweite, stat.	l_R	$= 8,0$	mm	
Max. Schaltabstand (eingebaut, radial)	x_{max}	$= 4,9$	mm	bez. auf Werkzeugkontur (Schneiden)
Max. Schaltabstand (eingeb., axial)	s_{max}	$= 0$	mm	
Erprobte Höchstdrehzahl	n_{max}	$= 2000$	min^{-1}	
Signalsprung im Annäherungsfall	U	$= 5$	V	TTL-Logik
Beharrungszeit des Annäherungssignals	T_H	$> 0,1$	s	einstellbar
Zul. Anfahrgeschw. bei Höchstdrehzahl	$u_{A,zul}$	$= 5$	m/min	
Signalanstiegszeit	T_L	$= 0,3$	ms	gemessen am Ausgang des Druckwandlers

3.7 Fehlerbetrachtung

Da es sich beim Werkstückdetektor nicht um ein messendes System handelt, ist die Angabe von Kenngrößen wie Meßunsicherheit, Meßbereich und Linearität wenig sinnvoll. Die Reproduzierbarkeit des Schaltpunkts indessen ist von großer Bedeutung für die Funktionssicherheit des Werkstückdetektors. Seine Lage ist allerdings abhängig von Form und Größe des Werkstücks, darüber hinaus vom Neigungswinkel der Düsen. Im praktischen Einsatz hat sich ergeben, daß der Schaltpunkt in einem Bereich weniger 10^{-1} mm stabil bleibt. Eine Verkürzung des effektiven Schaltabstands um 0,5 mm ist in der Angabe der maximalen Anfahrgeschwindigkeit in 3.6.2 bereits enthalten.

Alle im Kapitel 3 getroffenen Aussagen und Zahlenangaben beruhen auf der Annahme rechtwinkliger, prismatischer Werkstücke, wie sie für die Durchführung der Experimente verwendet wurden. Wenngleich viele Werkstücke von ähnlicher Gestalt sind, muß an dieser Stelle betont werden, daß im Falle starker Abweichungen von dieser Form eine beträchtliche Verringerung des Schaltabstands eintreten kann. Es ist im Rahmen dieser Arbeit nicht möglich gewesen, besondere Untersuchungen über die Signalbildung an der Vielfalt möglicher Werkstückformen durchzuführen. Die prismatische, rechtwinklige Form ist deswegen gewählt worden, weil sie beim Messerkopffräsen (Stirnfräsen) eindeutig überwiegt.

3.8 Entwicklungsmöglichkeiten

Bei der Entwicklung des in den vorangegangenen Abschnitten vorgestellten Werkstückdetektors handelte es sich um den Versuch, grundsätzlich bewährte Sensorarten zur Lösung einer speziellen Aufgabe innerhalb eines komplexen Systems einzusetzen. Anwendungsseitig ist also Neues gewagt, Unbekanntes untersucht worden. Es bleibt erfahrungsgemäß in einem solchen Fall nicht aus, daß das gesteckte Ziel nur teilweise erreicht wird, daß Fragen offen bleiben, unvermutet neue Probleme auftauchen. Daraus ergeben sich weitere Aufgaben, zumindest aber manche Erkenntnisse, die bei Entscheidungen nützlich sein können. So ist es auch hier. Die wichtigste Erkenntnis aus den geschilderten Arbeiten ist, daß Verbesserungen notwendig - und möglich sind.

Zunächst stellt sich die Aufgabe, die Reichweite der verwendeten Mantelstrahldüsen beträchtlich zu erhöhen, ohne den Luftverbrauch zu sehr in die Höhe zu treiben. Da auch die Baugröße nicht nennenswert zunehmen darf, kann ein Fortschritt allein durch die Verbesserung des strömungstechnischen Wirkungsgrades oder durch die vermehrte Zufuhr potentieller Energie (Speisedruck) erzielt werden. Eine weiterentwickelte LAVAL-Düse, möglicherweise auch eine Mantelstrahldüse mit doppelt-konzentrischem Ringkanal, sind bisher noch ungenutzte Möglichkeiten. Auch eine Verkürzung der Antastintervalle würde eine Erhöhung der zulässigen Anfahrgeschwindigkeit ermöglichen. Dies ist allerdings am ehesten durch die Steigerung der Leerlaufdrehzahl möglich. Eine Erhöhung der Anzahl der im Werkzeug integrierten Sensoren bringt einen wesentlich erhöhten Bearbeitungsaufwand für den Werkzeughersteller mit sich, vergrößert aber darüber hinaus den Luftbedarf in einem Maße, daß die Versorgung durch den ohnehin beengten Hohlspindelquerschnitt in Frage gestellt ist.

Eine weitere Aufgabe stellt sich mit der in 3.7 angeschnittenen Untersuchung des Einflusses der Werkstückform und -größe auf die Bildung des Annäherungssignals. Verbesserungen im Hinblick auf die Versorgung des Detektors mit Druckluft und elektrischer Spannung sowie hinsichtlich der Signalübertragung sollten besonders zum Zweck einer erleichterten Montage des Systems ins Auge gefaßt werden. Maßnahmen zur Temperaturkompensation dürften sich nach den Erkenntnissen aus 3.4.3 erübrigen, erhalten aber zumindest nicht den hohen Stellenwert wie im Falle des Verschleißsensors.

4 Verschleißsensor und Werkstückdetektor im Simultanbetrieb

Im praktischen Einsatz in der Fräsmaschine bedarf es, in des Wortes eigentlicher Bedeutung, nicht des gleichzeitigen Betriebs des Verschleißsensors und des Werkstückdetektors. Denn beim Durchfahren der Leerstrecken im Eilgang ist Verschleißmessung ohnehin nicht möglich und außerdem sinnlos, und beim Zerspanen hat das Regelsystem keine Verwendung für ein Annäherungssignal, weil ja längst Kontakt zwischen Werkzeug und Werkstück besteht. Dennoch sind die beiden Sensoren für einen simultanen Betrieb ausgelegt; die unterschiedlichen Betriebsbedingungen schreiben dies vor. Zum einen arbeiten die Sensoren mit verschiedenen Speisedrücken, zum anderen war die Unterbringung von Umschaltventilen auf dem rotierenden Teil der Anlage aus räumlichen Gründen nicht möglich. So blieb nichts anderes übrig, als alle Druckluftkanäle, von den Feindruckreglern im Außenraum der Maschine bis zu den Mantelstrahldüsen, vollständig getrennt zu führen. Hinter den Druckreglern indessen sitzt je ein 2/2-Wege-Magnetventil, beide von der Prozeßregelung ansteuerbar, zur wahlweisen An- und Abschaltung der Sensoren. Auf diese Weise kann, vor allem durch zeitweise Stillsetzung des "Großverbrauchers" Werkstückdetektor, viel Druckluft eingespart werden.

Aufgrund der vollständig getrennten Versorgung und Signalleitung ist eine gegenseitige Beeinflussung der Sensoren von vorneherein ausgeschlossen. Wechselseitige Einschränkungen liegen allein im konstruktiven Bereich, wo sich räumliche Gegebenheiten seitens der Fräsmaschine vor allem bei der Realisierung der für die Luftversorgung benötigten Querschnitte als durchaus hinderlich erwiesen haben. Überhaupt brachte die Unterbringung und separate Versorgung bzw. Signalführung beider Sensorsysteme in e i n e m Werkzeug manche konstruktive Schwierigkeit, die auch gewisse Abstriche am ursprünglichen Anforderungskatalog der Sensoren verlangte, um nicht das Ganze zu gefährden.

Beide, der Verschleißsensor und der Werkstückdetektor, wurden für den Einsatz in einem ACO-Regelsystem entwickelt. Selbstverständlich ist aber auch ein getrennter Einsatz in einer Fräsmaschine mit ähnlichem Aufbau grundsätzlich möglich. Da der konstruktive Aufwand in diesem Falle wesentlich verringert werden könnte, dürften sogar

wirtschaftliche Gesichtspunkte für den Einsatz sprechen, während
im ACO-System technologische und innovative Argumente dominierten.
Wirklich interessant für den Anwender aber werden die beiden Sensoren erst dann sein, wenn die Hersteller von Fräsmaschinen und
Werkzeugen sich bereitfinden werden, das von seiten der Konstruktion für die Implementierung Erforderliche zu tun.

5 Zusammenfassung

Die Verwirklichung eines adaptiven Regelsystems zur Optimierung
des Fräsprozesses ist unter anderem von der sensorischen Ausstattung abhängig, die der "Nervenzentrale" möglichst kontinuierlich
Informationen über den aktuellen Zustand der Führungsgrößen liefert. Eine dieser Größen, die als Maß für die Wirtschaftlichkeit
des Fräsprozesses herangezogen werden können, ist der Werkzeugverschleiß oder die Verschleißgeschwindigkeit.

Die Entwicklung eines Sensors zur prozeßsimultanen Messung des
Werkzeugverschleißes beim Messerkopffräsen war eine Aufgabe,
die sich die in der vorliegenden Abhandlung dokumentierte Arbeit
zum Ziel gesetzt hat. Eine andere war die Schaffung eines Werkstückdetektors zur Auslösung eines Alarmsignals für den Fall der
Annäherung des Werkstücks an das Werkzeug auf einen vorgegebenen
Minimalabstand. Gang und Stand beider Entwicklungen sind in zwei
eigenen Kapiteln dargestellt, während dem Zusammenwirken beider
Sensoren ein zusätzliches, gemeinsames Kapitel gewidmet ist.

Zur Bewältigung beider Aufgaben wurden pneumatische Längenaufnehmer eingesetzt, nachdem ein analytisches Bewertungs- und Aus-
wahlverfahren diesen den höchsten Eignungsgrad aller in Betracht
gezogenen Sensorarten zuerkannt hatte. Daher wurden aus einer
Reihe berührungsfrei wirkender pneumatischer Längenaufnehmer aus
eigener Entwicklung einige besonders vielverprechende ausgewählt
und einem ausgedehnten Versuchsprogramm unterzogen. Dabei dienten die einzelnen Experimente einer möglichst wirklichkeitsnahen
Simulation der im vorgesehenen Einsatz auftretenden Beanspruchungen. Neben der Quantifizierung der zu erwartenden Störgrößen wurde der Untersuchung des Zeitverhaltens der Sensoren besonderes
Gewicht beigemessen. Tatsächlich zeigte sich, daß die Eigenträgheit des Verschleißsensors seinen Einsatzmöglichkeiten Grenzen
setzt, die jedoch durch konstruktive Maßnahmen beträchtlich aus-
geweitet werden können. Diese sind jedoch erst realisierbar, seit
sich miniaturisierte Signalwandler im Handel befinden.

Der Einsatz des Verschleißsensors und des Werkstückdetektors im
praktischen Fräsbetrieb lieferte den Beweis für ihre grundsätzliche
Eignung als Signalgeber für ein adaptives Regelsystem. Er zeigte

sowohl die Notwendigkeit meßtechnischer Verbesserungsmaßnahmen als
auch Wege hierzu. Diese werden jeweils im Schlußabschnitt der beiden Hauptkapitel eingehend besprochen.

Beide Sensoren sind im Werkzeug, einem mit Hartmetallschneidplat-
ten bestückten Stirnfräser, integriert. Obschon sie im Zusammenhang
mit einem Regelsystem entstanden sind, ist ihr Einsatz auch losge-
löst von diesem möglich. Ihr Einbau in andere Werkzeuge indessen
bedarf einiger konstruktiver Anpassungen an Werkzeug und Werkzeug-
spannvorrichtung, wobei bleibende Veränderungen an der Maschine
unterbleiben können.

Die Ergebnisse der geschilderten Untersuchungen vermitteln die
Erkenntnis, daß pneumatische Sensoren für Einsatzfälle, bei denen
ungewöhnlich rauhe Bedingungen herrschen, gegenüber anderen Sensorarten meist zu bevorzugen sind. Mit der Verwendung miniaturisierter
Halbleiterdruckwandler, wie sie der Handel inzwischen sehr preisgün-
stig anbietet, verliert auch ein wesentlicher Nachteil pneumatischer
Sensoren, ihre bekannte Signalträgheit, viel an Gewicht. In der Kom-
bination mit schnellen Halbleiterdruckwandlern bieten sich gerade
für pneumatische Sensoren verbesserte Einsatzmöglichkeiten.

6   <u>Schrifttum</u>

/1/   Leonards, F., Müller, W., Otto, F., Sinning, H.: Prozeßlen-
       kungssysteme für die Drehbearbeitung.
       Bericht KFK-PDV 82 (1976).

/2/   Mushard, E., Scherf, E., Bierlich, R., Kleensang, R.: Prozeß-
       lenkungssystem für das Schleifen. Bericht KFK-PDV 84 (1976).

/3/   Autorenkollektiv.: ACO-Regelungen für Fräsmaschinen.
       Bericht KFK-PDV 83 (1976).

/4/   Ernst, P., Hartmann, V.: Prozeßlenkungssystem für das Bohren.
       Bericht KFK-PDV 81 (1976).

/5/   Degenhardt, U.: Die Bedeutung des Werkzeugverschleißes im
       Hinblick auf eine Optimierung der Zerspanungsbedingungen.
       Ind.-Anz. 90 (1968) 93; S. 2055/2060.

/6/   Essel, K., Hänsel, W.: Entwicklung von Sensoren für Prozeß-
       lenkungssysteme im Bereich der Fertigungstechnik.
       Bericht KFK-PDV 41 (1975).

/7/   Feller, H.G.: Verschleiß metallischer Oberflächen.
       Technica 23 (1970), S. 2183/2197.

/8/   Kreis, W.: Verschleißursachen beim Drehen von Titanwerkstof-
       fen. Dissertation RWTH Aachen (1973).

/9/   Colding, B.: Verschleißverhalten von beschichteten Hartme-
       tallwerkzeugen. Fertigung 1 (1970), S. 3/7.

/10/   Degenhardt, U.: Der Werkzeugverschleiß bei Veränderung
       der Schnittbedingungen. Ind.-Anz. 89 (1967) 66,S. 1465/1467.

/11/   Degenhardt, U.: Grundlagen zur Optimierung der Zerspanungs-
       bedingungen unter besonderer Berücksichtigung des Werkzeug-
       verschleißes. Dissertation RWTH Aachen (1968).

/12/   Micheletti, G.F., Koenig, W., Victor, H.R.: In Process Tool
       Wear Sensors for Cutting Operations. Annals of the CIRP,
       25/2/1976, Paper C, P. 483/496.

/13/   Victor, H. (Hrsg): Adaptive Control bei Werkzeugmaschinen-
       Grenzgrößen beim Fräsen. VDW-Forschungsbericht A2551 (1977);
       Teilbericht 2.2 - D.

/14/   Schreitmüller, H.J., Dederichs, M.: Pneumatisches Meßver-
        fahren zur Ermittlung des Schleifscheibenverschleißes.
        Ind.-Anz. 93 (1971) 68, S. 1733/1734.

/15/   Bellmann, B.: Meßverfahren zur kontinuielichen Erfassung
        des Freiflächenverschleißes beim Drehen. Dissertation
        TH Darmstadt (1978).

/16/   Kamm, H., Müller, M.: Kapazitiver Verschleißsensor für
        das Messerkopffräsen. Ind.-Anz. 97 (1975) 73, S. 1602/1603.

/17/   Leonards, F.: Die Messung des Schneidenversatzes bei der
        Drehbearbeitung nach dem Ultraschall-Laufzeitverfahren.
        Ind.-Anz. 96 (1974) 107/108, S. 2407/2408.

/18/   Spur, G., Leonards, F.: Sensoren zur Erfassung von Prozeß-
        kenngrößen bei der Drehbearbeitung. Annals of the CIRP,
        24/1/1975, S. 349/354.

/19/   Stöferle,Th., Hartmann, V.: Beitrag zur Lagemessung aller
        Schneidkanten an Fräswerkzeugen. Werkstatt und Betrieb
        109 (1976) 3, S. 183/192.

/20/   Essel, K., Otto, F., Kirschner, W.: Sensor zum Erfassen des
        Freiflächenverschleißes an Drehwerkzeugen. VDI-Z. 116 (1974)
        17, S. 1427/1429.

/21/   Gervé, A.: Radionuklidtechnik - ein Arbeitsgebiet im LIT.
        KFK-Nachrichten 4 (1972) 4, S. 18/19.

/22/   Lausch, W.: Moderne Möglichkeiten der Verschleißmessung mit
        Radionukliden. KFK-Nachrichten 4 (1972) 4, S.20/26.

/23/   Opitz, H., Kattwinkel, W.: Verschleißmessungen beim Drehen
        mit aktivierten Hartmetallwerkzeugen. Forschungsberichte
        des Wirtschafts- und Verkehrsministeriums Nordrhein-
        Westfalen, Nr.112.

/24/   Gervé, A.: Die wichtigsten Verschleißmeßmethoden der
        Isotopentechnik. Kerntechnik 14 (1972) 5, S. 204/209.

/25/   Langhammer, K.: Die Schnittkräfte als Kenngrößen zur Ver-
        schleißbestimmung an Hartmetalldrehwerkzeugen. VDI-Z. 115
        (1973) 8, S. 672/674.

/26/ Klicpera, U.: Überwachung des Werkzeugverschleißes mit Hilfe der Zerspankraftrichtung. Dissertation Universität Stuttgart (1975).

/27/ Weber, H., Lutze, H.-G.: Kontinuierliche Bestimmung des Werkzeugverschleißes während der Bearbeitung beim Spanen mit geometrisch bestimmter Schneide. Wiss. Z.d. TH Karl-Marz-Stadt 15 (1973) H. 3, S. 563/577.

/28/ Sadek, A.M.: Kolkbildung und Temperaturverteilung auf der Spanfläche von Drehmeißeln. Maschinenmarkt 13a (1969) 81, S. 33/41.

/29/ Jaeschke, J.R., Zimmerly, R.D., Wu, S.M. Automatic Cutting Tool Temperature Control. Int. J. Mach. Tool Des. Res. 7 (1967), pp. 465/475.

/30/ Maier, K.:Einrichtung zum Messen der Zerspankraft beim Stirnfräsen. Wt.-Z.ind. Fertig. 62 (1973), S. 341/346.

/31/ Centner, R.M., Idelsohn, J.M.: Adaptive Controller for a Metal Cutting Process. IEEE Transactions on Applications and Industry, Vol. 83 (1964) 72.

/32/ Wiemer, A.: Pneumatische Längenmessung. Verlag Technik, Berlin (1060).

/33/ Mayer, N., Rohrbach, C.: Handbuch für fluidische Meßtechnik. VDI-Verlag, Düsseldorf, 18. Aufl. (1977).

/34/ Breitinger, R.: Systematik analoger fluidischer Längenmeßverfahren. Techn. Zeitschr. f. prakt. Metallbearbeitung. 66 (1972) 5,S. 19C/192 und 66 (1972) 7, S. 290/298.

/35/ Breitinger, R., Ernst, A.: Fluidische Meßtechnik. Wt-Z. ind. Fert. 59 (1969) 9, S. 461/465.

/36/ Lotze, W.: Die pneumatische Mantelstrahlmeßdüse. Feingerätetechnik 19 (1970) 11, S. 501/503.

/37/ N.N.: Coaxial jet air gauging system senses large gaps. Metalworking Production, Nov. (1967), S. 75/76.

/38/ Gentischer, J., Wiedmann, P.: Experimentelle Untersuchungen an fluidischen Ringstrahlsensoren. Öhlhydraulik und Pneumatik 20 (1976) 3, S. 138/148.

/39/ Breitinger, R.: Fehlerquellen beim pneumatischen Längen-
     messen. Dissertation Universität Stuttgart (1969).

/40/ Truckenbrodt, E.: Strömungsmechanik. Springer-Verlag,
     Berlin/Heidelberg/New York (1968).

/41/ Wien, W., Harms, F. (Hrsg.) :Handbuch der Experimental-
     physik, Bd. 4, 1.Teil (Hydro- und Aeromechanik), Akad.
     Verl. - Ges. Leipzig (1931).

/42/ Schmidt, E.: Thermodynamik. Springer-Verlag, Berlin/
     Göttingen/Heidelberg, 10.Auflage (1963).

/43/ Zurmühl, R.: Praktische Mathematik für Ingenieure und
     Physiker. Springer-Verlag, Berlin/Göttingen/Heidelberg,
     3. Auflage (1961).

/44/ Jentner, W.: Thermisches Verhalten pneumatischer Längen-
     aufnehmer. Ind.-Anz. 103 (1981) 15, S. 24/25.

/45/ Deutsche Normen: Herstellverfahren und Rauheit von Ober-
     flächen. DIN 4766, Teil 2 (1975); Beuth-Vertrieb, Berlin.

/46/ Normen des Vereins Schweizerischer Maschinenindustrieller:
     Zeichnungen- Bearbeitungsangaben nach Rauheitsklassen für
     spanabnehmende Bearbeitung. VSM 1/321; VSM-Normalienbureau,
     Zürich.

/47/ Carl, R.: Der Einfluß rauher und verunreinigter Oberflächen
     auf berührungslose pneumatische Messungen. Maschinenmarkt
     10 (1961), S. 25/28.

/48/ Beyer, H.: Thermographische Messungen an Drehwerkzeugen
     während der Zerspanung. Ind.-Anz. 95 (1973) 59, S. 1383/1384.
     zeiger 95 (1973) 59, S. 1383/1384.

/49/ Wellinger, K., Gimmel, P.: Werkstofftabellen der Metalle.
     Kröner-Verlag, Stuttgart (1963).

/50/ Stute, G. (Hrsg.): Adaptive Control bei Werkzeugmaschinen-
     Untersuchung von Teilproblemen bei AC-Systemen an Fräsma-
     schinen. VDW-Forschungsbericht 10 07 (1978); Teilbericht
     2.2 - E.

/51/ Foith,J.P., König, M.: Schwarz-Weiß-Bildsensoren in der
     Fertigungstechnik - eine Übersicht. Technisches Messen
     atm 3 (1978), S. 79/82 und 4 (1978), S. 135/140.

/52/ Geißelmann, H.: Fernseh-Sensor zur Werkstückerkennung,
     Positionsmessung und Qualitätsprüfung. FhG-Bericht 2/77,
     S. 27/32.

/53/ Burkitt, A.: Accurate control and measurement with charge
     couple sensor. The Engineer, oct (1976), S. 26.

/54/ Dyck, R.H., Jack, M.D.: Arbeitsweise des CCD-201 bei nie-
     drigem Lichtpegel. Feinwerktechnik und Meßtechnik 84 (1976)
     2, S. 77/79.

/55/ Müller, W.: Ein Beitrag zur Entwicklung von Sensoren für
     adaptive Regelsysteme bei spanenden Werkzeugmaschinen.
     Dissertation RWTH Aachen (1976).

/56/ Wiedmann, P.: Systematik fluidischer Objektdetektoren ohne
     bewegte Teile zum berührungslosen Antasten. Steuerungstech-
     nik 7 (1974) 3, S. 132/137.

/57/ Le Hunte, G.G., Ramanathan, S.: Development of a digital
     fluidic proximity sensor. 4th Cranfield Fluidics Conference
     1970, Paper S1, S. S1-1/S1-16.

/58/ Nentwig, K.: Berührungslos arbeitende Endtaster. Maschinen
     - Anlagen - Verfahren mav 2 (1977), S. 74/78.

/59/ Müller, R.: Induktive Annäherungsschalter. Elektrische Aus-
     rüstung 1 (1976), S. 18/22.

/60/ Sick, E., Walter, A.: Messende Lichtvorhänge. Steuerungs-
     technik 2 (1969) 5, S. 178/185.

/61/ Droscha, H.: Automatische Oberflächenprüfung durch LASER-
     strahlabtastung von Materialbahnen. Messen + Prüfen 10
     (1977), S. 637/641.

/62/ Pavel, G.: Zeitverhalten pneumatischer Meßwertaufnehmer.
     wt - Z. ind. Fertig. 63 (1973), S. 218/220.

/63/ Roth, P.: Frequenzgangmessungen an Düse-Prallplattesyste-
     men. wt - Z. ind. Fertig. 63 (1973), S. 221/224.

IPA Forschung und Praxis

Schriftenreihe aus dem Institut für Produktionstechnik und Automatisierung, Stuttgart

Herausgeber: Prof. Dr.-Ing. H. J. Warnecke

Stufenweise Ableitung eines praktischen Planungssystems für den Entwicklungsbereich
Von R. Hichert. ISBN 3-7830-0149-8.
1978, 151 Seiten, kartoniert.   52,— DM

Produktionsplanung mit Auftragsfamilien
Von U. W. Geitner. ISBN 3-7830-0161.7.
1979, 110 Seiten, kartoniert.   45,— DM

Thermisch-chemisches Entgraten
Von T. Wagner. ISBN 3-7830-0164-1.
1979, 111 Seiten, kartoniert.   45,— DM

Untersuchung der Materialflußkosten bei ausgewählten Systemen der Zentralen Arbeitsverteilung
Von R. Wenzel. ISBN 3-7830-0162-5.
1979, 168 Seiten, kartoniert.   86,— DM

Anpassung und Einführung eines Planungssystems für die Ablaufplanung im Konstruktionsbereich
Von W. Dangelmaier. ISBN 3-7830-0163-3.
1979, 168 Seiten, kartoniert.   80,— DM

Längenmessungen an bewegten Teilen mit berührungslos wirkenden Aufnehmern
Von H. Lang. ISBN 3-7830-0157-9.
1979, 89 Seiten, kartoniert.   42,— DM

Untersuchung multistabiler Strömungselemente und ihr Einsatz in sequentiellen Steuerungen
Von A. Ernst. ISBN 3-7830-0157-9.
1979, 122 Seiten, kartoniert.   48,— DM

Taktile Sensoren für programmierbare Handhabungsgeräte
Von M. Schweizer. ISBN 3-7830-0158-7.
1979, 91 Seiten, kartoniert.   42,— DM

Die rechnerunterstützte Prüfplanung
Von P. Blasing. ISBN 3-7830-0152-8.
1979, 100 Seiten, kartoniert.   44,— DM

Verfahren zur Fabrikplanung im Mensch-Rechner-Dialog am Bildschirm
Von W. Ernst. ISBN 3-7830-0156-0.
1979, 218 Seiten, kartoniert.   72,— DM

Rechnerunterstütztes Verfahren zur Leistungsabstimmung von Mehrmodell-Montagesystemen
Von M. Gorke. ISBN 3-7830-0155-2.
1979, 139 Seiten, kartoniert.   50,— DM

Standortbezogene Betriebsmittel
Von G. Pflieger. ISBN 3-7830-0167-6.
1979, 127 Seiten, kartoniert.   52,— DM

Die betriebswirtschaftliche Beurteilung neuer Arbeitsformen
Von B.-H. Zippe. ISBN 3-7830-0168-4.
1979, 350 Seiten, kartoniert.   98,— DM

Untersuchung des Arbeitsverhaltens programmierbarer Handhabungsgeräte
Von B. Brodbeck. ISBN 3-7830-0169-2.
1979, 117 Seiten, kartoniert.   48,— DM

Untersuchung eines kohärent-optischen Verfahrens zur Rauheitsmessung
Von N. Rau. ISBN 3-7830-0174-9.
1979, 117 Seiten, kartoniert.   48,— DM

Entwicklung einer programmierbaren, pneumatischen Steuerung
Von D. Klemenz. ISBN 3-7830-0171-4.
1979, 93 Seiten, kartoniert.   42,— DM

Diese Berichte sind zu beziehen durch den Krausskopf-Verlag, Lessingstraße 12, 6500 Mainz

IPA Forschung und Praxis

Berichte aus dem Fraunhofer-Institut für Produktionstechnik und Automatisierung, Stuttgart, und dem Institut für Industrielle Fertigung und Fabrikbetrieb der Universität Stuttgart

Herausgeber: Prof. Dr.-Ing. H. J. Warnecke

Die Berichte 38 und folgende sind zu beziehen durch den Springer-Verlag, Berlin Heidelberg New York

IPA Forschung und Praxis

Berichte aus dem Fraunhofer-Institut für Produktionstechnik und
Automatisierung, Stuttgart, und dem Institut für Industrielle Fertigung
und Fabrikbetrieb der Universität Stuttgart

Herausgeber: Prof. Dr.-Ing. H. J. Warnecke